編者話

Editor's Talk

你的時間存摺夠力嗎？

就算非常喜歡自己的工作，老加班也不是辦法。想一想年紀大了以後，還能跟年輕人拚熬夜嗎？過分忙碌的工作最叫人無奈，擺脫的辦法是儲存一份不用加班的「時間存摺」。

聽過存錢、存人脈，沒聽過時間也能存？能夠存時間的存摺又叫作「好習慣存摺」。好習慣可以讓人省下很多時間，比如開會的好習慣、今日事今日畢的好習慣，這些能讓人減少「做事不到位」浪費掉的反覆時間。還有些好習慣省的是瑣碎時間，比如整理好手上的檔案資料，在需要的時候三秒找到。

和拿「現有」時間硬碰硬工作的人相比，懂得把大大小小的習慣存入自己的好習慣存摺，「未來」工作起來將會越來越有效率，自然不容易落入窮忙境地。

可惜好習慣說來容易，卻不容易養成，這也是為什麼很多職場前輩都說第一、二份工作很重要，因為環境決定一個人的工作習慣！待習慣養成，往後要再改正就難了。我們常常不覺得自己習慣了的做事方式有問題，不覺得有問題，自然不容易突破。

進入夢幻產業、夢幻公司是所有人的夢想，但沒有學會效率工作的技術，再好的地方不過白白走一遭。本書從台灣夢幻公司裡挖掘出**10+2**位前輩達人，分享他們超效工作的技巧。包括處理最占時間的突發狀況、管理數量大於**100**的夥伴單位、處理每半天塞滿一次的郵件信箱等等，包括從個人到組織的時間管理技巧，讀者儘可以從中獲益，立即實踐。

你的時間存摺夠力嗎？就像理財要趁早，好習慣存摺也需要我們早點投資、持續努力。待工作五年、十年後，能不能挑戰更高的薪水和頭銜，能不能當準時下班的職場紅人，就要看你今天的「存時力」了。

書名／零加班行業達人x10的超效工作法
發行人　洪祺祥

編輯部
總編輯　林慧美
企劃主編　劉榮和
執行編輯　李欣珺
特約主筆　方嵐萱
特約記者　林俞君、邱和珍、郭明琪
特約攝影　李國良、林冠良
特約美編　張天薪

行銷業務壹部（圖書）
行銷業務部副理　張勝宏
發行企劃　王珮瑜
行銷企劃　洪偉傑、沈恆朱、王睿穎

行銷業務貳部（雜誌）
行銷業務部主任　洪偉凱、王聖霖
客服專員　張毓琳、胡美鳳、林易萱

管理部
財會　鄭玉明、甘若漣、沈珮妮
印務　呂佩俐
行政　劉佳屏

顧問群
編輯顧問　劉邦寧
財會顧問　高威會計師事務所
法律顧問　建大法律事務所

發行：日月文化集團 日月文化出版股份有限公司
出版：寶鼎出版
地址：台北市信義路三段151號9樓
電話：(02) 2708-5509
傳真：(02) 2708-6157
網址：http://www.ezbooks.com.tw
讀者服務信箱：service_books@heliopolis.com.tw
郵撥帳號：19716071 日月文化出版股份有限公司
總經銷：聯合發行股份有限公司 電話 | (03) 307-6280
製版印刷：秋雨印刷股份有限公司

初版一刷：2012年08月
定價：200元

ISBN：978-986-248-270-4

國家圖書館出版品預行編目資料
零加班行業達人x10的超效工作法／寶鼎編輯部 — 初版 — 台北市：日月文化, 2012.08
96面；21x28.5公分

ISBN 978-986-248-270-4 (平裝)

1.時間管理 2.工作效率

494.01　101009805

Printed in Taiwan

C O N T E N T S

Problems Solving

公關行銷部門

06

Q1 發生緊急事件，不得不去客戶公司開會，一整天下來原定計劃都做不成了！
解答前輩：凱絡媒體副總經理／黃明威

12

Q2 不管週末還是平常日晚上，客戶會在任何時候打電話來要求服務！
解答前輩：奧美公關總監／張瀞文

18

Q3 為了創造業績做了好多計劃，很忙卻看不到效益！
解答前輩：利百美興業股份有限公司
產品經理／林女鈺

Problems Solving

業務部門

26

Q4 花了很多時間協調溝通，每天忙得團團轉，業績還是零零落落！
解答前輩：遠傳電信業務暨通路管理事業處加盟通路處
業務經理／蔡明勳

32

Q5 除了業務能力，想成為Top Sales，還有什麼祕訣呢？
解答前輩：富邦人壽保險股份有限公司
業務總監／駱碧鶯

38

Q6 業績有一搭沒一搭，因為不穩定，只好花更多時間接觸客戶！
解答前輩：21世紀不動產．天母SOGO
加盟店業務經理／陳玟綝

目　　錄

Problems Solving
創意研發部門

46 
Q7 如何在窮忙的媒體業裡，創造更多價值？
解答前輩：萬寶週刊總編輯／莊正賢

52 
Q8 如何開發好作者，在不景氣時代讓產品叫好叫座？
解答前輩：BOOK11電子書城網站企劃主編／劉俊彥

58 
Q9 如何Hold住客戶，接受最有創意的設計？
解答前輩：歐普廣告設計資深設計師／卓聖堂

64 
Q10 如何做好專案管理，讓各部門有志一同、達成目標？
解答前輩：夏深科技股份有限公司專案經理／林賢婷

Interview
Soho 混搭人生

72 葉　穎／不被打卡束縛，享用真自由

78 吳東龍／就算隨時移動中，還是要優雅工作

Know-how
4 步驟時間管理教學

86 老是拖到最後一刻才完成或發現來不及！
規劃進度，「目標管理」改掉拖延壞毛病

89 要做的事情好多好繁雜！
「模組化」時間和對策，不讓重複做的事情拖慢進度

91 做得很辛苦老闆總是不滿意！
讀懂老闆的心，「往上管理」就不會苦勞大過功勞

94 變成收拾屬下爛攤的部門總助理！
懂得放手，磨練「往下授權」的技術

凱絡媒體
副總經理／黃明威

奧美
公關總監／張瀞文

利百美興業股份有限公司
產品經理／林女鈺

公關行銷部門看過來！

加班非宿命，常見狀況一一破解

擔負品牌形象、業績提升任務的公關行銷部門，加班問題常常身不由己。
有時候似乎工作運不好，前輩都沒有遇過的狀況，卻三不五時發生在自己身上，
導致全年無休，心理壓力大到覺得「沒休息夠」。
更常見的情況是，公司對業績多所期待，做不出成績前，
除了想更多創意方案，花更多時間執行，好像真的沒辦法跟長工時說 no。
凱絡媒體、奧美公關、利百美興業（嬰兒品牌施巴）在各自的領域都是極好的公司，
為我們示範如何處理「外在因素」造成的加班，
在個人和公司管理層面，帶來相當多的啟發。

360 度增進工作技能 Part1

行銷公關篇

Q1 發生緊急事件，不得不去客戶公司開會，
一整天下來原定計劃都做不成了！
解答前輩：凱絡媒體副總經理／黃明威

Q2 不管週末還是平常日晚上，
客戶會在任何時候打電話來要求服務！
解答前輩：奧美公關總監／張瀞文

Q3 為了創造業績做了好多計劃，
很忙卻看不到效益！
解答前輩：利百美興業股份有限公司產品經理／林女鈺

採訪撰文／林俞君　攝影／林冠良

Q1 發生緊急事件，不得不去客戶公司開會，一整天下來原定計劃都做不成了！

解答前輩：黃明威／凱絡媒體副總經理（48歲，廣告服務業）

不加班事蹟　媒體刊播這一行，客戶預算以百萬、千萬為單位，成敗壓力超大，黃明威卻是全公司皆知不常加班的「效能」代表。

工作成就　帶領二十餘人團隊服務中華電信六年多，截至目前為止已簽了四次約，即將邁向第五次，在業界寫下新紀錄！

媒體業務主管の一日工作時間表

8：00～9：00	家中	起床，現磨咖啡、與家人共享早餐，用手機查看 RSS 新聞
10：00～12：00	辦公室	收 e-mail、看媒體監測等統計資訊
10：00～12：00	辦公室	內部工作交辦、處理客戶需求，發出的 e-mail 或傳真要以電話確認對方收到，並養成邊講電話邊記重點的習慣，以免忘記重要事項
下午 6 點前	各會議室	擔任管理職，所以會議種類眾多，每天有兩、三個會，包含：行政會議、員工訓練、討論提案的動腦會議、出外拜訪客戶
18：00～19：00	辦公室	會議結束返回辦公室，轉達訊息外，並將明日待辦事項一項項列出，隔天一早可以馬上進入工作狀態
19：00～21：00	家中	下班就把工作放下，在家吃晚餐、少應酬，與老婆一起看電視
21：00～22：30	家中	個人時間
22：30～23：30	戶外	每天固定遛狗時間，運動健身 固定凌晨 1 點前就寢

＊週末假日除了上教堂，就是與家人到處遊玩，「平日把什麼事情都規劃得好好的，假日可以毫無計劃也是一種享受。」愛家的黃明威如是說。

假使每天一早出門前，都有可能接到客戶臨時打來的電話，你會怎麼處理自己的心理壓力？帶領二十餘人團隊的凱絡媒體副總經理黃明威，專門服務擲地有聲的中華電信，他表示：「客戶八點半上班，高層人員甚至更早就起床讀報了，我們要搶在客戶前面掌握消息，不能等人家來電話了，才去想怎麼危機處理。」

他用手機查看RSS訂閱，只要設定好關鍵字書籤，以後每天自動抓取相關新聞供他快速瀏覽。早晨八點到九點之間，他會煮一杯咖啡、陪家人吃早餐，同時從容吸收世界最新訊息，完成每天早上的例行準備工作。

黃明威與團隊成員為客戶規劃媒體策略，並進行媒體購買，簡言之，舉凡廣告在哪個頻道播出？持續曝光多久？配合哪些媒體以達到預期效應（知名度、銷售量等），都是他們的工作，客戶的媒體刊播金額龐大，以百萬、千萬元為單位，成敗壓力之大可想而知。

能不能讓意外不再意外？彈性是讓事情照計劃進行的關鍵

對黃明威來說，不想讓計畫被打亂，就要依經驗預留緩衝時間，

時間管理的目的，就是不讓生活一團亂

凱絡媒體／黃明威

譬如預計三天內可完成的事情，不妨多留半天到一天的彈性，假使照理想在三天內準時完成了，那麼多出來的時間可以拿來控管品質（再次檢驗、提案演練等），若中途遇到緊急事件插隊，才有餘裕分神處理，不至於延宕後續的任務。

「每個人的工作性格不同，就像報稅一樣，有人會在月初提報，但大多數人是接近尾聲時才報，其實認真處理起來，只要一個下午或晚上的事情，卻因為人們共通的惰性而拖延。」Deadline 人人會設，重點是能否遵守自己定下的規則，並準時達陣。

黃明威還提醒，「除了上班前善用科技瀏覽一日要聞，我會將檢查信件的動作安排在會議前的幾分鐘；也會將朋友轉寄來的分享資訊或心靈雞湯，留到午餐時間閱讀，而不是一收到馬上開啟附件。」像這種不需要聚精會神吸收的資訊，就應該利用零碎及等待的時間閱讀，才能避免工作一直被中斷。

上班族一定有這種經驗：正準備下筆寫案子，突然多年未聯繫的朋友在msn上打招呼，既高興又盛情難卻，簡單聊幾句話就用掉了十幾二十分鐘。一天中若有兩三次這種耽誤，必然得加班才能把工作進度補回來，因此，將通訊軟體下線，是黃明威準備專心思考前的必要動作。「需要專心寫企劃案時，我會把msn關掉，自我要求是很重要的，有工作紀律才能準時完成工作。」

有沒有更聰明的方法？

學到了，就是兩小時與十秒鐘的差距

黃明威是善用雲端科技的代表，「我的手機、電腦、iPad可透過雲端同步，文件不用花大量時間手動複製或再次輸入。開會時帶著輕便的iPad隨手key入會議重點，並且存於行事曆的附件中，往後要找資料，一下就搜尋到了。」

他還特別推薦了Outlook搭配exchange軟體的會議排程功能，「約會議最麻煩的地方就是得逐一詢問，若中途問到一個人時間配合不起來，又要從頭來過。」一會議排程功能列出每個人的日程狀況，並自動挑選出所有人都有空的時段，「我們集團有四百位同仁，四十位總監級以上主管，大家都使用這個功能，人資安排會議時才能快速便捷。」

了解手邊好用的工具很重要，黃明威曾無意間有所體會。「以前在廣告公司上班常加班，有天晚上工作到十點準備回家，看到同事在改第二天提案用的簡報檔，他說老闆對字型不滿意，只好一頁一頁改字型，共一百多頁，已經改一整晚了，估計還要再做兩小時才能完成。結果我幫他更改母片設定，不到十秒鐘，一百多頁一下就改好了！」兩小時與十秒鐘的差距，讓黃明威深刻體會，熟稔軟體功能才能事半功倍。

哪件事情優先處理？

有些「急但不重要」的事情，真的不急

此外，上班族常常手邊待辦工作十幾樣，心理壓力很大，卻又不知道該從何著手。黃明威建議將所有事項依「急」與「重要」程度分成四級，優先處理第一級事項，最後才是第四級事項。會列入第一級的事情代表「又急又重要」，通常是老闆及客戶交代的工作。黃明威一邊展示一邊指

善用雲端科技儲存資料，黃明威2003年以來的行事曆都在電腦裡，資料數位化使辦公桌面維持清爽，工作起來不易分心。

將日常工作分為四大類：
從1開始優先處理，最後才處理4

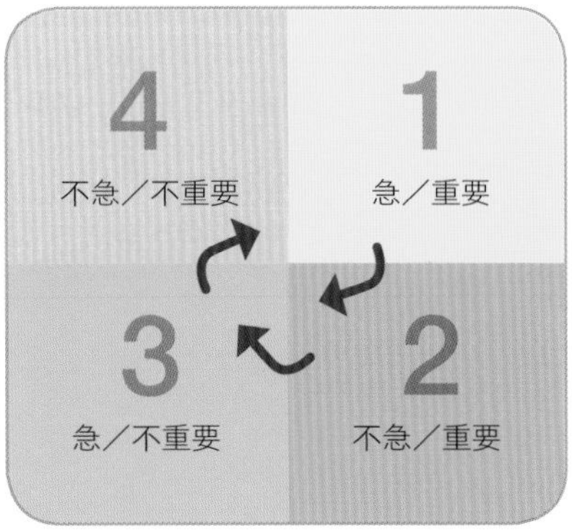

圖解！最厲害的時間運用技巧

Step1
新增新的工作時，點選「分類」功能。

Step2
進入所有類別，為分類重新命名，設定1~4四級別，以及「工作」、「個人」兩性質。

Step3
一個工作可註記多種分類，選擇適當的級別、性質。

Tip1
工作分輕重
善用 Outlook 的分類功能加以標示，將工作輕重以 1 到 4 級排序，逐項解決不雜亂，又能分項瀏覽或總覽。

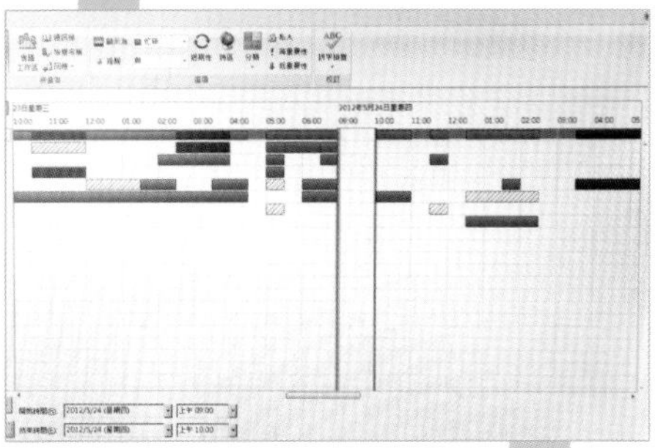

Tip2
安排會議一指搞定
透過 Outlook 排程功能掌握每個人皆有空的時間，約會議快速搞定。

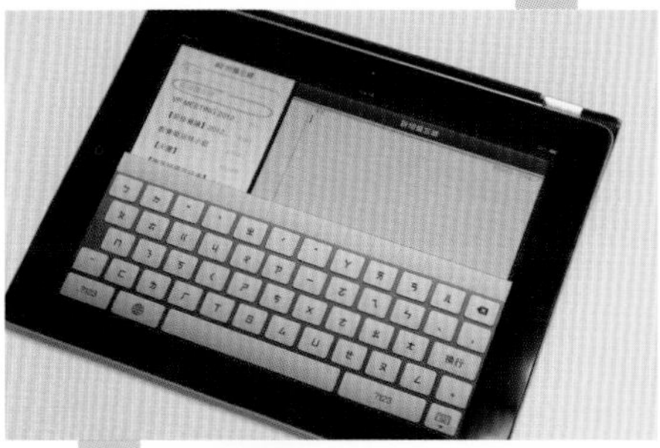

Tip3
讓會議更有效率
會議中輕鬆立起 iPad，重點即時記錄，透過雲端同步到電腦及手機，何時何地皆方便查詢。

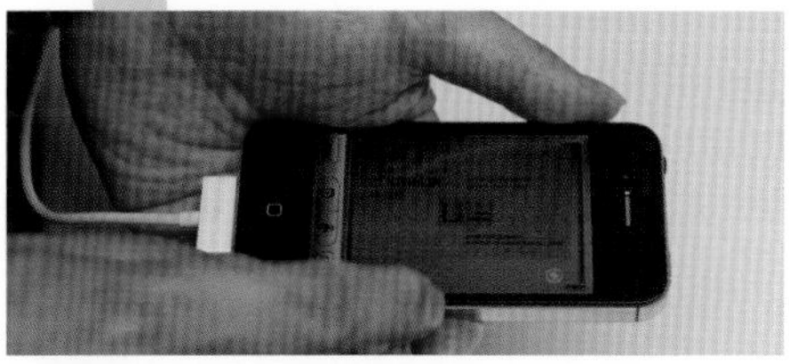

Tip4
名片快速建檔
推薦手機軟體「WorldCard Mobile 名片王」，任何時刻都能將名片快速建檔，並連線到電腦同步更新 Outlook 連絡人。

出，「像今天我的行事曆裡沒有標示1的項目，因為早都處理完了，才能接受採訪。」

接下來第二級是「不急但重要」，第三級是「急但不重要」。「有些人跟我看法相反，但我認為有些『急但不重要』的事情，經過一段時間可能自動消失，因此不需要急著處理。舉生活中的例子來說，像是信用卡繳款，若真的超過期限，人們反而就寬心了，因為註定要繳滯納金，晚一天或兩天結果都一樣。」

排在最後的事情當然就是「不急又不重要」，這類事情多半沒有時效性，是需要定期處理的個人事項，譬如期限還很久的繳款單據。這幾類事情之間應隨時動態調整，並養成檢視的習慣，依當下狀況隨時調整各項目的分級，依序處理就不會像無頭蒼蠅一般東做西做，總是沒有忙完的一天。

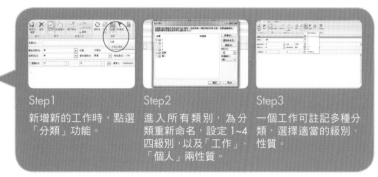

做哪些事情能讓結果截然不同？

三句口訣：鎖定重點、網羅資源、知識管理

忘東掉西的習性，也常讓受薪階級疲於奔命，縱使辛苦補救但負面形象已造成。「執行專案前要先想好時間、人力、資源三大要項。需要多少時間？需要什麼人協助？資源跟得上嗎？」

舉例來說，要事先想好協助人員的時間能否搭配？由誰負責準備哪個部份？並讓所有人明確知道自己的任務。在資源的部分，不論大小都不得輕忽，從小處來說，假如要印大量文件帶去提案，就得提前檢查影印機碳粉充足嗎？紙張數量夠嗎？避免因為一點微不足道的小問題而去延誤到大事。

在競爭激烈的公司裡，人人都想燦爛奪目，將過去累積的能量爆發出來，但力氣用錯地方反而不容易有好表現。「在我們的提案作業中，通常會先做分析，再擬定策略，最後加入創意表現；有些人先構想五花八門的創意，但創意的結果與任務不符，通通是做白工。」

若想亮眼，做事就要抓對重點，優先處理核心課題，接續事項相對就容易了。

《數位時代》雜誌與台灣安吉斯媒體集團合作主辦的「2012數位趨勢高峰論壇」裡提到，在巨量資料（Big Data）時代，企業怎麼運用收集到的資料才是關鍵，「Curator」（中文譯為策展人）是具有篩選、重整資料能力的人，以此找出品牌特色，協助企業勝出。這個觀點顯示知識管理有多重要。

知識管理有三大重點：差異、快速、觀點。比稿提案時每家公司都使用類似的數據，看來看去沒有什麼特色，這時若有家公司引用不一樣的調查，就能吸引客戶，這便是「差異」。

「快速」來自日常累積，黃明威的電腦裡設有不同的資料夾，平日他就會將看到、收到的新知及圖片分類存檔，在製作簡報時立即可以派上用場，比如他準備了「照片館」資料夾，就不用為了找一張情境圖片花好幾個小時搜尋。

最後則是「觀點」，觀點能創造商機，例如大眾運輸工具上滿是低頭族，搭車通勤時人們沒有其他事可做，半數專注在手機上，這便是企業與消費者溝通的好機會，可以伺機露出廣告刺激消費。

時間管理最重要的觀念

一步到位的決勝態度＋適量的輔助工具

時間管理說到底還是回歸到根本態度，「不要只是為了準時，交出像草稿般的東西，那會讓你的表現大打折扣！」若準備的東西都是完善的，自然能在老闆或客戶心中留下印象，相反的，若只為了交差表現馬馬虎虎，機會就不等人了。

管理階層流行一句話：「魔鬼藏在細節裡」，應用在個人工作裡也是如此。在平日的工作中把每件事都盡力做到最好，在關鍵

黃明威常閱讀科技、時間科學、商業管理類書籍，不斷尋找讓工作更有效能的方法。

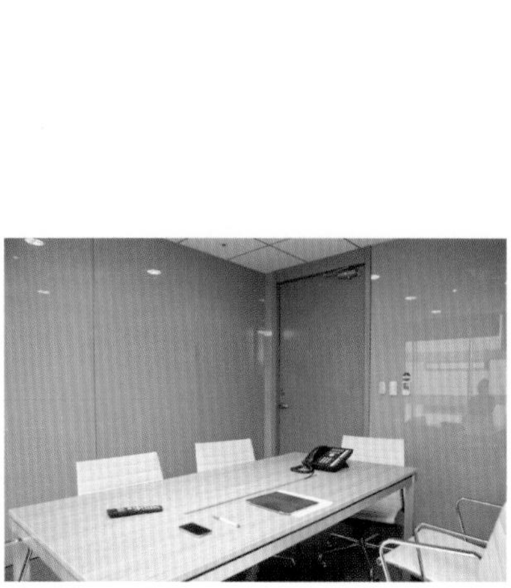

凱絡媒體的會議室，數面玻璃白板牆方便動腦會議進行。

用更少時間完成工作，代表你的工作效率（performance），使工作品質更好，代表你的技能卓越（excellent），無論往哪個方向努力，相信我，你的機會絕對比別人多。

時刻才有機會被委以重任，得到的肯定與成就感最是寶貴。

「時間管理的目的，是讓生活不致於一團亂，不用每天像消防隊員一般到處滅火，擔心下次警報不知道會在哪裡響起。」省下來的時間就能用來琢磨作品，使成果更完美。

不過黃明威強調，「工具不必多，免得讓自己花更多時間在做記錄，而不知道該以哪項為依歸。好比在一個房間裡擺三個時鐘，到最後你可能不知道哪個才是標準時間。不妨選一種你覺得最恰當的工具，然後儘量維持它，就是最適合的工具。」

就是因為態度正確、善用方法及適合自己的工具，讓他成為全公司皆知的「效能」代表，帶領團隊服務中華電信六年多，截至目前為止已簽了四次約，並將邁向第五次，在業界寫下新紀錄！

菜鳥的錯誤處 VS 老鳥的效率技

菜鳥這樣做	老鳥怎麼做
誤判工作量或難度	看似簡單的任務實則暗潮洶湧，由工作經驗中去抓出自己的效能，並預留緩衝時間
執行過程中未設立檢查點，自以為進展順利便一路做下去	每執行一段落，就回頭檢視邏輯是否一致，譬如：若客戶想蒐集消費者電子郵件，那麼播放電視廣告雖然可以增加知名度，卻無法達到原先設定的目的，便不是適合的方法
蒙著頭苦幹，不懂溝通也未尋求協助	所謂江湖一點訣、一語驚醒夢中人，不要害怕詢問、討論，一定要與客戶、同事、主管多溝通
給自己太多干擾、無法專心完成一件事務	關掉社群網站、即時通訊、部落格…，給自己完整大塊的時間

黃明威的「零加班」三步驟：管理、準備、到位

學習管理時間	Tip1	量力而為，設定合理的完成期限及緩衝時間
	Tip2	善用零碎及等待的時間處理輕量訊息
	Tip3	日程安排大塊化，寫案子專心集中不閒聊
	Tip4	待辦事項分 1 到 4 級，有頭緒便有效率
	Tip5	用雲端科技、Outlook 內建功能節省時間
事前做好準備	Tip6	釐清工作的核心重點
	Tip7	擬訂執行計畫（Action Plan）及備案
	Tip8	平日做好知識管理（Knowledge Management）
	Tip9	熟稔常用軟體，百利無一害
做事一步到位	Tip11	能一次做好的事情，不敷衍了事

採訪撰文／郭明琪　攝影／林冠良

Q2 不管週末還是平常日晚上，客戶會在任何時候打電話來要求服務！

解答前輩：張瀞文／奧美公關總監（36歲，公關業）

不加班事蹟　除非客戶有緊急事件需要處理，不然，張瀞文和她的團隊幾乎每天晚上七點前一定可以離開辦公室。

工作成就　三年來負責醫療健康事業群的客戶服務工作（如雀巢、羅氏大藥廠、美強生）；從團隊士氣待振作，到現在業務蒸蒸日上，客戶不再追著負責同事要進度。

公關業務主管の一日工作時間表

7：30	家裡	起床／整理家務
8：00－8：30	家裡	料理小孩，準備出門
9：00－9：10	辦公室	抵達公司開始一天工作，根據當日的工作重點做好計劃
9：10－10：00	辦公室	檢閱 Email／回覆客戶郵件／客戶聯繫，讓客戶瞭解我們的關切和新的想法
10：00－12：00	外出	根據不同的需求，進行客戶會議／公司會議／小組討論，分析客戶的需求，解決客戶的問題
13：30－16：00	外出	好的團隊是零加班的關鍵，大家分工合作進行公關活動執行／客戶會議
16：00－18：30	辦公室	企劃案撰寫／小組會議／審閱小組文件／客戶聯繫
18：30－19：00	辦公室	今日事，今日畢。結束忙碌的一天，準備回家繼續「媽媽」的工作崗位

一頭披肩的長髮，襯著張瀞文的臉龐格外斯文，她沈靜地說出公關工作兵荒馬亂的全貌。公關工作非常需要瞻前顧後：就以辦一場活動來說，大到整個媒體的策略運作，小至活動現場的燈光、活動流程都是公關的責任。

如果一切都能按照計劃進行還好，偏偏總有許多突發狀況需要處理，「我常以為一個好的公關人員必須十八般武藝樣樣精通。每次面試新進人員時，我也會強調這一份工作辛苦的部分。」

即使如此，公關工作仍然是許多大學新鮮人或是上班族嚮往的工作，國內首屈一指的奧美公共關係顧問股份有限公司更高居大學畢業生嚮往的公司之一。

張瀞文毫無疑問是其中的佼佼者。從本土性的公關公司，再到著名的嬰幼兒產品公司，最後她在近三年前加入了奧美公關，負責整個醫療健康事業群的客戶服務工作。當時整個團隊的士氣有待振作，客戶服務的工作也有待加強，而現在業務蒸蒸日上，客戶們不再會追著負責同事要進度，更重要的是：除非客戶有緊急事件需要處理，不然張瀞文和她的團隊幾乎每天晚上七點前一定可以離開辦公室。

永遠走在客戶前面，是最好的零加班策略

奧美公關／張瀞文

她到底怎麼做到的？在一個加班是家常便飯的產業裡，準時下班簡直是天方夜譚！

如何逆轉加班宿命？

有決心就會找到方法

「應該和我的決心有關吧！」張瀞文回想當初轉換跑道，在一家著名嬰幼兒產品公司擔任內部公關人員達三年之久，但她仍然對公關公司的工作充滿熱情，因為在公關公司每天都能面對不同的客戶，永遠都有學習的機會。

然而，當她重新回到公關公司工作的時候，不只已為人妻，更已經有了一個一歲多大的小朋友，她不希望再和以前一樣，工作就是生活的全部。所以張瀞文給了自己一個挑戰：用六個月的時間，看看自己能否在不影響家人生活的情況下，重新投入這一個萬分吸引自己、加班卻是常態的工作。

她笑了笑接著說，「我告訴自己，如果六個月還不能適應，我也就不應該考慮公關公司的工作

了。」

既然決定重新回到公關公司，又堅持工作和家庭一定要保持平衡，張瀞文打算做的第一件事就是：永遠走在客戶的前面，得到客戶的充分信任。

如何得到客戶的信任？

永遠走在客戶的前面

公關公司面對的是客戶，接到任務的時候，在時間上通常比較緊急，所以時間管理對於公關人員尤其重要。加上每一個公關公司的同仁都可能同時面對不同的客戶，如果每一天都被客戶追著跑，絕對沒辦法把工作做好，更別說準時下班了。

張瀞文以為，要得到客戶信任的第一步，就是永遠走在客戶的前面，客戶自然就會跟著你的步伐走。

舉例來說，每當客戶有事情交辦的時候，張瀞文的團隊就會交給客戶一份詳盡的工作進度表（working schedule），明白地記下從開始到工作完成之間需要的時間。彼此在工作過程中需要的溝通討論，雙方達成共識，客戶可以對公司長官交代，雙方在合作過程中也有了依據。

「如果你讓客戶覺得你很有效率、很專業，客戶自然會跟著你走，也就沒有理由每天盯著你，而在這個過程中，若能提早一點完成任務，那就更棒了。」張瀞文笑著表示。

如何今日事今日畢？

靠一本日誌管理每日進度

「既然早一點完成工作是重要的，就得要求自己一定今日事今日畢，絕對不把今天該做的事延誤到明天。」雙子座的張瀞文肯定地說。

她以自己為例，會用一本日誌記下每一天的事情，包括行程、同仁們需要完成的工作，也包括她的工作進度。日誌就放在辦公桌上，即使她不在，同事們也可以代為約定會議，不必再花費打電話確認的時間。

每天離開公司前，她會習慣性地看看日誌，確定當天該做的事都已經完成；早上到辦公室時，看日誌也是她做的第一件事，如果發現當天有多出來的時間，就可以把未來幾天的事拉出來先做完。

靠著日誌，不但工作不會遺漏，還可以預先完成未來的工

張瀞文的工作時間分配表

客戶會議	25%
客戶聯繫	20%
瞭解同事工作進度	25%
業務規劃	15%
行政工作及回覆郵件	15%

由公司提供的黑莓機和筆記型電腦，讓張瀞文更能化零為整的善用時間。

作。而用鉛筆記下自己需要完成的事，原子筆記下需要和同事一起完成的工作，則是增加自己工作效率的另外一種方法。

如何善用零碎時間？

工作不限於一時一地

公司所提供的工具和工作環境，也讓張瀞文的工作效率提升不少。在奧美公關，每一個同仁從進入公司的第一天開始，就配有筆記型電腦，讓工作的場所不再侷限於辦公室。即使無法在上班時間內完成工作，也可以帶電腦回家，調配時間完成。

張瀞文以自己為例，有時九點多孩子上床睡覺了，「我又會拿出電腦開始工作，可是至少我可以先回到家陪他玩，念故事書給他聽。」

而到了主管階段，公司更替每一位主管都準備了黑莓手機（Blackberry），零碎時間也可以得到充分運用。「有時候和客戶開完會，在回公司的途中，就會先把重要的事情用電郵的方式告訴同事，讓他們開始準備，等我進公司的時候，就可以做初步的討論。」

而每天早上到公司的途中，張瀞文也習慣瀏覽手機中的相關訊息，讓自己儘早進入狀況。就是這些管理時間的工具，讓即將於八月迎接第二個小朋友的張瀞文，安心留在忙碌的公關公司。

如何提升團隊效率？

分資歷授權，並要求一次做對

張瀞文團隊所負責的客戶多半與消費者的健康有關，如雀巢、羅氏大藥廠、美強生，工作不單繁瑣，更絲毫不得大意。因而她一向以為團隊的合作和整體效率的提升非常重要，「整體效率一提升，大家都輕鬆。」

由於她自己公關工作的經驗是從基層做起，深切瞭解不同職場階段的心情，深知其中甘苦，所以對於同仁選擇了充分授權。她也會隨著同仁經歷不同，採用不同的方式傳達指令。

「對於比較資深的同事，我可能只會提示重點，其餘讓他們自由發揮；對於比較新進的同仁，就會非常清楚說出我的要求，甚至連報告該有的格式（Template）

圖解！最厲害的時間運用技巧

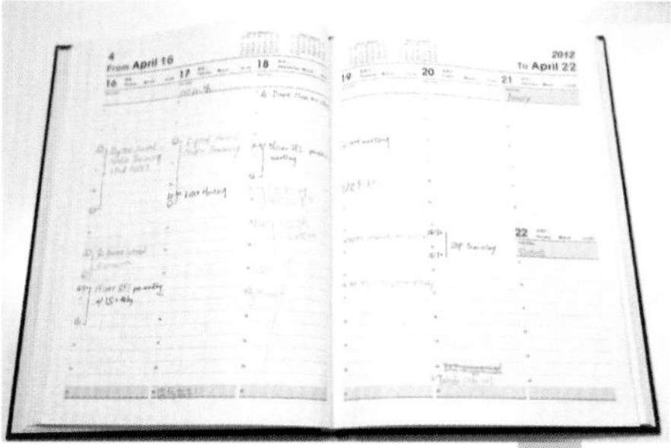

Tip1 利用日誌管理自己與團隊的工作

清楚地記下每一天要做的事情，用鉛筆寫下的部分是自己需要完成，而用原子筆寫的，是需要和同事一起完成的工作事項。

Tip2 透過手機迅速下達指示

有了黑莓機，隨時可以處理手邊緊要的事，它是讓時間化零為整的好幫手！

Tip3 即使不在辦公室，也能在時間內完成工作

公司每一位員工，都配有一部筆記型電腦，不但能隨時與公司連線，也能讓大家的工作時間更彈性。

1. 奧美公關相信員工的工作與生活必須保持平衡，因此創立家庭日，鼓勵大家一起不加班。
2. 專為員工打造的咖啡廳和入口大廳，設計上既舒適又風格鮮明，讓員工在上班期間也能享有最好的照顧。

都告訴對方。既然要做，就讓他們一次做對。」

張瀞文鼓勵年輕人在工作時，應該要求自己一次做對，不要浪費時間。如果不清楚主管的想法，也要問個清楚，不要只是悶著頭做。更重要的是，問問題時一定要經過思考，這樣主管一定樂於回答。

而她以為主管必須肩負起提升團隊效率的責任。這就包括瞭解團隊成員具備的能力，也要能夠抓重點，儘早看清事情的本質，才能適才適用。

曾經有一個同事在她的團隊中工作兩年後，起了離職的念頭。進一步瞭解時，才發現這個同事想要離職的原因，是因為他想要去嘗試網路性質的工作。張瀞文咧嘴一笑，「奧美集團內也有以網路為主的工作機會啊！」

經過周密的安排，張瀞文順利協助同事轉到奧美集團旗下另一家公司，直到今天，對方也還是集團的一份子，公司也得以留下一個人才。張瀞文強調，留住人最好的方法，就是留住他的心。

把「不加班」變成制度

由長官出面取得客戶配合

不只張瀞文的團隊力求效率工作，連奧美集團也認為公司內過度加班是個應該避免的問題。

所以公司組成小組訪談集團員工，發現很多事情都是環環相扣、惡性循環。員工常常加班，造成身心俱疲，無法忍受的時候只好離職；公司的人才短少，留下的員工工作負擔加重不說，由於新進員工無法立刻接手，原有的員工又必須擔負起教育訓練的責任，加班的機會更多。

張瀞文也在這個小組。最後在對集團高階主管報告時，該小組提出公司應該讓所有員工儘可能在工作與生活間達到平衡。

於是奧美集團有了新的公司制度「家庭日（Family Day）」。從今年三月起，每月最後一個星期五，所有集團員工都可以提前在下午五點下班，自由去做自己想要做的事。不管是陪伴家人，

其實每個月一天早下班，
並不能真正解決什麼問題，
但奧美想做的其實是一個宣示性的行動，
讓員工知道公司聽到了他們的聲音，
也願意以行動來解決問題。

找朋友聚會，或者只是獨處。

為了讓客戶瞭解公司的做法，奧美公關也正式以電郵方式通知所有客戶，強調員工會盡心盡力把服務客戶的工作做好，與客戶溝通理念，尋求認同，讓所有的奧美人都能享受一個真正的Friday。顯然協助員工不加班這件事，連公司的高階主管都不能缺席。

訪談接近尾聲，張瀞文坐在公司設置的咖啡店窗邊一角，膝上放著筆記型電腦，手機那一邊隱約可以聽到客戶的聲音。擁有計劃中的家庭生活，又能做自己喜歡的工作，這是多麼令人羨慕，而值得追求的上班族生涯啊！

菜鳥的錯誤處 VS 老鳥的效率技

菜鳥這樣做	老鳥怎麼做
客戶說什麼，就做什麼，每天都忙得團團轉	走在客戶前面，贏得客戶的信任
抓不到時間管理的重點，時間永遠不夠用	化零為整，利用零碎的時間處理事情
沒有問清楚就悶著頭做，結果總做錯，得不償失	事先確定老闆的想法，一次就把事情做對
想到那，做到那，掛一漏萬，事情永遠做不完	事先做好規劃，今日事，今日畢

張瀞文「永遠走在顧客前面」管理訣竅

- Tip1 一次把事情做對
- Tip2 永遠走在客戶前面，才會被信任
- Tip3 讓客戶拿到詳盡的工作進度表
- Tip4 一定把當天安排的工作完成

訪撰文／郭明琪　攝影／林冠良

Q3 為了創造業績做了很多計劃，很忙卻看不到效益！

解答前輩：林女鈺／利百美興業股份有限公司產品經理（37歲，嬰兒用品業）

不加班事蹟　品牌行銷團隊只有兩人，除出國出差，大部分時候都能準時下班。家裡有一個兩歲多的小男生，最快樂的事是每天回家講故事給兒子聽。

工作成就　十年間讓公司品牌施巴的業績成長三倍；協助公司轉型，從單純高單價直售通路，到多元拓展百貨公司、藥妝店通路。

隨著少子化趨勢，父母對孩子的照顧越加重視，很多人都希望讓孩子從小就受到最好的照顧，嬰兒用品的市場因此蓬勃發展，競爭激烈非常。其中強調全系列產品pH5.5、成份溫和、不含皂鹼的醫學皮膚護理No.1品牌施巴，一直擁有非常穩定的市場佔有率。

在嬰兒清潔用品領域，施巴以全系列產品提供給消費者不同的選擇。「我們的業績從新台幣一億多，一直到去年已經突破了新台幣四億元。不過，公司裡負責嬰兒用品的團隊只有兩個人，連我的助理都是老闆幫我找來的。」利百美興業股份有限公司產品經理林女鈺一派輕鬆地說。

高雄出生，高雄長大，大學唸的是廣告（政治大學廣告系畢業），和大部分在台北唸書的南部孩子一樣，林女鈺畢業後的第一份工作在台北，從廣告公司、公關公司，做到軟體公司的行銷人員，每份工作的時間都不長。後來因為一個「就近照顧家庭」的念頭，她在十年前回到高雄，一頭栽進利百美興業，從此和嬰兒用品結下不解之緣。

找到自己可以做什麼？

看出問題背後的問題，免於奔命

品牌業務主管の一日工作時間表

8:30－9:30	家中	一上班先處理電子郵件，根據電腦上的銷售數字處理缺貨、補貨事宜
9:30－10:30	辦公室	看出問題背後的問題，客戶特殊件處理及討論
10:30－11:00	辦公室	與資訊部門討論，讓電腦上的數據呈現更能反映市場
11:00－12:00	辦公室	根據通路的性質，進行產品規劃
13:30－15:00	辦公室	規劃促銷活動，讓銷售通路先看到成效
15:00－16:00	辦公室	討論會員促銷活動
16:00－17:00	辦公室	根據市場資料，決定接下來的採購計劃
17:00－18:00	辦公室	向業務人員介紹新產品，只有業務人員真正動起來，業務才能起飛！

找到有效的創意，就要反覆用到極致

利百美興業／林女鈺

林女鈺認為要讓工作發揮效率，「最重要的第一件事」就是瞭解公司的目標！之後才有可能配合公司的目標，順利完成工作。

以她自己為例，在加入利百美興業之前，該公司的主要品牌施巴營運狀況其實很好。施巴一向強調健康肌膚的關鍵數字在pH5.5，產品是一九五二年由德國波昂大學海茲默爾醫師根據醫學皮膚護理的理念所研發，適用於敏弱及問題肌膚。施巴的產品早期一直採取直接銷售的方式，以醫院和直售人員為主，公司並不認為行銷是重要的銷售工具，反而認為行銷費用可能造成公司額外的成本負擔。

一進入公司，林女鈺就發現公司主要的通路是直售人員，這種銷售方式很有效，可以直接接觸到消費者，可是卻讓她的專長無用武之地！她也發現，其實公司希望發展不同的通路，卻不知道該如何跳出過去的成功經驗，開發新的戰場。於是她設定自己的工作目標就是多元開發各種通路，從百貨公司到藥妝店，要讓消費者有更多機會看到施巴的產品。

就和當年在台北擔任兒童軟體的行銷工作一樣，林女鈺充滿了從無到有的開創精神。為了幫當時公司的產品找新出路，她還曾經單槍匹馬跑去找銀行協商，成功把產品推銷進入信用卡卡友的點數贈禮清單。她以這一招拉高公司產品的銷售量，也擴大了產品曝光的力道——藉由銀行送給信用卡卡友的贈品目錄，得到發行量極大的免費廣告。

什麼是說服老闆的key？

思考轉個彎，讓對方看到成效

林女鈺為施巴的產品拓展不同的通路，擴大了它與消費者接觸的機會，也為自己爭取到更大的發揮空間。其中最值得一提的事蹟，是她成功說服公司採用贈品策略，把一個全新的工作手法導入公司。

身為產品經理，林女鈺最不願意做的事情就是降價，也不願意一味以價格促銷來達成業績目標，然而隨著嬰兒用品市場熱度提升，即使施巴有產品特性上的優勢，也開始感受到競爭者在旁虎視眈眈。想要維持施巴產品高價位的定價策略，變得越來越不容易。那麼該怎麼辦呢？

在行銷的領域中，贈品一向對消費者有莫大的說服力，這從坊間各種產業大量使用贈品作為行銷策略就可以看得出來。但對老闆來說，贈品就是成本，在成效不明朗的情況下，不容易接受這種新做法。林女鈺心想：「那麼，我們來賣贈品吧？」「既然稱作贈品，如何讓消費者心甘情願花錢來買呢？」她試著回想當時碰到的困境。

這一回，林女鈺決定另闢蹊徑。她要讓消費者多花一點點錢，不只買回施巴品質優良的嬰兒產品，還得到「物超所值」的贈品。在她的操作下，施巴嬰兒產品加價購的贈品是高品質、吸水力強的大浴巾，也曾是知名品牌的玩具！

為了讓贈品做到物超所值，林女鈺煞費苦心，她甚至自己跑紗廠，以便控管大浴巾的品質。她笑說自己那段時間都快成了紗價的專家，這個看似不相關、額外的任務，卻是她當時工作的重點，因為「施巴要提供的不只是贈品，還得是消費者願意花錢來買的好贈品。」

掌握這個關鍵重點，才能讓當

林女鈺的工作時間分配表

與業務溝通	40%
活動企劃	30%
國外聯繫	10%
市場巡店	10%
教育訓練	5%
其他	5%

作為行銷人員，瞭解市場非常重要。看訪賣場，與賣場人員面對面交流，是林女鈺的重要工作。

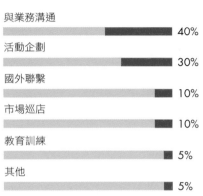

初設定的目標開花結果。

「後來，我們才發現因為施巴加價購的浴巾很好用，也很漂亮，很多媽媽甚至交代醫院用施巴的大毛巾來包剛出生的小嬰兒。」由於贈品廣受歡迎，它變得不只是促銷的工具，還額外增加了施巴的品牌形象。

什麼讓行銷事倍功半？

找到好創意，千萬別怕重複用

作為一個行銷人員，林女鈺讓老闆瞭解贈品不一定只是成本，它更可以是增加營收和獲利的方式。而從消費者的角度出發思考行銷活動，是林女鈺常有佳作的原因。

就以送禮來說，林女鈺看準禮品市場，希望施巴的嬰兒用品能成為親朋好友送給新手父母的賀禮；然而要怎麼做呢？她相信大多數的消費者希望與眾不同，就是送禮的時候也是如此。

為了打動這一塊市場，她把施巴嬰兒產品重新組合包裝，針對不同的預算考量，設計出不同的產品配套。而為了符合消費者希望自己的贈禮與眾不同的心理因素，她還貼心地為不同的禮盒加上同樣可愛、卻不同設計的外盒包裝。

於是消費者在為同事、親友選購禮物，慶賀新生兒出生時，可以根據自己荷包的深淺選擇適當的產品，而且和別人禮物相同的機會微乎其微。這個做法大大增加了嬰兒禮盒的銷售量，還讓新生兒的父母在不考量費用的情況下，接觸到施巴的優質產品，進而有機會成為忠實用戶。更棒的是，公司不用為此負擔多少額外的成本！

林女鈺認為，一旦找到一個好的創意就應該重覆使用，而一個行銷人員口袋裡應該隨時有不同的創意想法，才得以隨機應變。林女鈺多年來一人獨挑大局，善用好的創意，讓嬰兒產品的業績足足成長了三倍多。而她自己除了必須到國外接洽公務外，大部分的時候，她仍能準時下班，照顧她兩歲多的小朋友，做一個快樂的媽咪。

圖解！最厲害的時間運用技巧

Tip1

透過系統快速瞭解各銷售點的銷售數據

公司很早就採用 ERP 系統，讓林女鈺隨時可以掌握最新的銷售情形，進行調整和因應。

Tip2

南北兩邊跑，乘坐高鐵省時又便利

高鐵大大縮短了高雄台北的交通時間，讓林女鈺有更多的時間貼近市場，還能準時下班接兒子。

如何區別工作輕重緩急？

掌握通路性質、市場最新動態

身為嬰兒產品的產品經理，林女鈺必須一個人面對所有銷售嬰兒產品的通路。每一個通路的特性不同，面對的客戶層不同，業務人員的要求和需求也不同。她說：「常發現自己的時間花在緊急卻不重要的事情上，所以，確定事情的輕重緩急非常重要。」

正因為如此，她堅持行銷人員需要瞭解市場；能夠隨時掌握市場的最新情況，才能對業務人員的訊息做出正確的判斷。雖然工作地點在高雄，林女鈺仍然要求自己勤跑通路瞭解市場，對於事情的輕重緩急就能做出正確的判斷。瞭解不同通路的特性，設計出適合不同通路的行銷方法或是促銷方案，還要能夠平衡不同的通路，讓產品在不同通路的銷售齊頭並進，而不會造成彼此衝突，這些都是有效率的行銷人員應該具備的能力。

然而，如何說服不同通路的業務人員認同行銷規劃，才是讓產品變成業績的關鍵。業務人員的相關會議佔了林女鈺工作時間很大一部分，她認為要讓業務人員瞭解行銷活動的本質，如果重點在贈品，讓他們瞭解贈品的價值，如果是禮盒，就讓他們了解背後的心意。

但是如何權衡業務人員的需求，同樣是增加工作效率的一個難題。業務人員永遠認為自己的問題最重要，最緊急！林女鈺多年的經驗讓她懂得：「有時候，一定要懂得拒絕別人，才能讓自己的時間精力專注在重要的事情。」

「行銷工作永遠沒完沒了，即使回到家裡，許多工作還是常常會掛在心頭。」身為基督徒的林女鈺常常勉勵自己思索聖經馬太福音6:34的話語：不要為明天憂慮，因為明天自有明天的憂慮，一天的難處一天當就夠了。她相信自己在過程中已盡了全力，不管結果如何，對公司交託的責任能夠無愧於心。她應當好好安穩入睡，以應付明天的挑戰。

增進工作效率的關鍵

讓工具為人所用，而不是為工具所用

從商業活動密集的台北回高雄工作，十年間交出一張亮麗的成績單，林女鈺認為除了抓住工作

嬰兒品牌施巴的產品成份溫和、不含皂鹼，適用於敏感及問題肌膚，因此仍能維持市占率和高單價。

物超所值的贈品讓施巴的消費者除了享受高品質的產品外，還能擁有意外的驚喜。

如果行銷人員是腦，那麼，業務人員就是四肢；唯有四肢一起靈活得動起來，腦中的好點子才有機會發光發亮。

重點，公司在資訊系統方面的投資功不可沒。因為利百美興業很早就開始用ERP系統，因此即使總公司在高雄，林女鈺也能隨時掌握產品的銷售情形，及時作出反應或者是適當的調整。

而在與業務人員的溝通和協調上，「數據是最好的說服工具，因為數據不會騙人，大家可以根據同樣的數字，在其中找出真相。」話說回來，當公司提供足夠的數據資料，一個行銷人員必須要有判斷和解讀數字的能力。

這就是她想要提醒的，要讓工具為人所用，而不是人為工具所用。尤其是現在風行的各種行銷手法，如臉書（facebook），絕對不能在上面花太多時間，不然一定會影響到正常的工作進度。

走在新光三越百貨公司施巴的專櫃，林女鈺習慣性地去整理桌面上的擺設，習慣性地詢問銷售人員今天賣場的情形如何，習慣性的用電腦查閱最新的銷售數字。對於她來說，行銷就是生活，而善於駕馭時間的特性，讓她的行銷工作得心應手、游刃有餘。

菜鳥的錯誤處 VS 老鳥的效率技

菜鳥這樣做	老鳥怎麼做
遇到問題就一頭栽進去	遇到問題會先思考，找出問題背後的問題，再對症下藥
急於向老闆表現，卻無法證明自己	實事求是，不急著誇大自己的功力，用實際成效贏得老闆的信任
每天都有新點子，卻一個都做不成	捉住好創意，就試著一用再用，充分發揮行銷功效
碰到什麼做什麼，忙得團團轉卻一事無成	善用數據、妥善分析，掌握事情的輕重緩急，按步就班一一處理

林女鈺的「零加班」五訣竅

- Tip1 瞭解公司的目標
- Tip2 讓老闆看到成效
- Tip3 好的創意要繼續用
- Tip4 瞭解工作輕重緩急
- Tip5 善用數據，妥善使用管理工具

遠傳電信業務暨通路管理
事業處加盟通路處
業務經理／蔡明勳

富邦人壽保險股份有限公司
業務總監／駱碧鶯

21 世紀不動產．
天母 SOGO 加盟店
業務經理／陳玟綝

業務部門看過來！

不拿小命換高薪，超效密技一一公開

業務性質的工作真槍實彈，有業績就是有業績，沒有就是沒有！
壓力大之餘，必然得面對「想要好表現，請投入更多時間」的困擾。
也因此從早到晚、大熱天下雨天，都能看到穿著西裝的業務員穿梭車陣，來回奔走。
業務人員的時間很彈性，和人哈拉交際又是達成工作的過程，
往往時間就在閒談、咖啡和冷氣間浪費掉了，
結果每到提交業績報表的時刻，又緊張到睡不著吃不好，
發展加盟業務是近年來最時興的產業，保險和房仲業務也是很常見的業務類別，
因此我們向遠傳電信、富邦人壽以及 21 世紀不動產的前輩取經。
想要有高業績獎金，又同時擁有家庭生活、休閒生活，不妨看看接下來三位達人怎麼說。

360 度增進工作技能 Part2

業務篇

Q4 花了很多時間協調溝通，每天忙得團團轉，
業績還是零零落落！

解答前輩：**遠傳電信業務暨通路管理事業處加盟通路處業務經理／蔡明勳**

Q5 除了業務能力，想成為 Top Sales，
還有什麼祕訣呢？

解答前輩：**富邦人壽保險股份有限公司業務總監／駱碧鶯**

Q6 業績有一搭沒一搭，因為不穩定，
只好花更多時間接觸客戶！

解答前輩：**21 世紀不動產．天母 SOGO 加盟店業務經理／陳玟琳**

採訪撰文／郭明琪　攝影／林冠良

Q4 花了很多時間協調溝通，每天忙得團團轉，業績還是零零落落！

解答前輩：蔡明勳／遠傳電信業務暨通路管理事業處加盟通路處業務經理（43歲，電信業）

不加班事蹟　兩年前剛接觸加盟業務，往來郵件多到來不及處理、塞爆信箱！目前每天七點下班，處理郵件的時間減少到只佔總工作時間的15％。

工作成就　大部份加盟通路主管由基層做起，蔡明勳沒有基層經驗，卻能從做中學，目前管理包括台中、苗栗、彰化、南投到雲林地區將近100家遠傳加盟店。

加盟業務主管の一日工作時間表

8:30－9:30	辦公室	快速瀏覽郵件，歸檔及回覆
9:30－12:00	會議室（每週一次在台北舉行會議，藉機會和相關部門溝通）	小組會議，除了討論與業務有關的事情，更要讓同事知道為什麼要這麼做，分享大家的想法
14:-00－15:00	會議室	與相關部門討論與業務有關的事情。從別人的角度想事情是溝通順暢的必要祕訣
15:00－17:00	會議室	加盟店主是夥伴，一起討論切磋，找出互利共贏的好方法
17:00－18:00	辦公室	下班前再次透過郵件，掌握各區業務狀況
18:00－19:00	辦公室	思考很重要，每天一定要留給自己思考的時間

訪談約在市中心的咖啡店，進門以後蔡明勳終於放下手中電話，空出半小時專心回答記者的問題。提到下屬單位多，傳達指令費時費力，蔡明勳笑著表示的確如此，以他的工作狀況來說，每週一的內部會議總會耗掉一個早上，「加盟店的工作真的很雜，涉及到公司的每一個部門，有時候會議一開就一整天呢！」

雖然工作繁雜，但蔡明勳已經摸索出有效率的應對方法。證據就是從今年四月起，蔡明勳的名片職稱不變、任務加大！他還是遠傳加盟通路處的業務經理，但兩年半間，他負責的業務地區已經隨著公司組織的變動和業務的調整，從最早的桃竹苗地區，然後是北北基，最近則接手了中部地區。

如何讓溝通變成正向循環？

永遠站在別人的角度討論事情

對於消費者來說，開辦行動門號無非就是決定一個電信品牌、走進一家店面、說出自己的需求而已；但對電信加盟門市來說，業務範圍越來越廣，從智慧型手機到數據通信，通通都是服務範圍，此外市場競爭日益激烈，各家提出的促銷配

凡事站在別人的立場想，談起事來也容易許多

遠傳電信／蔡明勳

套方案五花八門，早讓銷售工作的難度升級，變成無時無刻都必須學習新知。

若是電信公司直接經營的店面，從業人員都是公司的員工，必須按照公司的指示辦事，指揮起來比較簡單；但在加盟店這一塊，店面、人員都是加盟主自行出資管理。「這樣的關係比較像夥伴」，蔡明勳一語道破總公司與加盟店之間微妙的關係。

而蔡明勳負責的業務，包括協助加盟門市提升績效、管理進件品質、門市服務品質、門市的店務管理、貨品的進銷存管理、店家的營運輔導等等。由於電信業務競爭激烈，入行有一定的門檻，他旗下的業務人員還得隨時留意市場競爭動態，以免被競爭者挖牆腳，搶走績效良好的加盟主。

所以，如何讓加盟主得到利潤，同時願意配合公司的各種要求，達到公司設定的業績目標，便是處理加盟店業務的最大挑戰。要如何讓這一種又合作又競爭的關係，達到共生互利的境界呢？

「永遠站在別人的角度討論事情！」蔡明勳毫不遲疑地回答，微微地露出一絲笑意。

他表示，每一個人的立場不同，各自有自己需要面對的KPI（Key Performance Indicator，衡量績效的重要指標）。如果你只站在自己的立場思考，並且要求別人配合，一定很難找到共生互利的答案。而從別人的角度思考，可以讓你的問題變成別人的問題，變成大家一起來解決共同的問題，這樣可以避免很多衝突，效率自然提高。

如何為僵局尋找出路？

虛心向成功的加盟者學習

他以促進加盟店的績效為例，一直以來，負責加盟業務的同事和加盟主之間常處於對立的狀態。業務人員總責怪加盟店的業績不好，加盟店則抱怨公司提供的資源不夠。

「不妨想一想，大家不都一樣是想賺錢嗎？」蔡明勳決定，與其卡在彼此抱怨的惡性循環裡，不如由自己的團隊協助加盟店，讓加盟店提升經營管理方面的層次。但他的協助並非由上而下。

在經營桃竹苗加盟體系時，他發現有一、兩家加盟店的表現非常突出。他放下總公司一向「純管理」的角色，向加盟主請教成功的訣竅，並在一次次請教和思索後，歸納出四項經營要素：櫃位的數量、人力的分配，佣獎制度和新進人員的訓練。

根據這四個要項，他轉而以「輔導」的角色來協助加盟主改進經營效率。比如說，在他的規劃協助下，加盟店新進人員的訓練週期由原先的三個月縮短為兩個禮拜。他甚至建議加盟主提高人員薪資，避免因為人員流動造成人手短缺，讓業務無法順利地推展，這些建議都讓加盟主的業績得到提升。

如何讓業績一起往上？

營造樂於分享的環境

不過，若這些輔導和分享都是一對一進行，蔡明勳和他的團隊非得累死不可。於是他把公司本來就有、固定和加盟主開的「月會」，轉變為「經營座談」。每個月針對不同主題，邀請有企圖心的加盟主參加。每次限量十五位幸運者，由業績傑出的加盟主現身說法，達到分享和交流的目的。

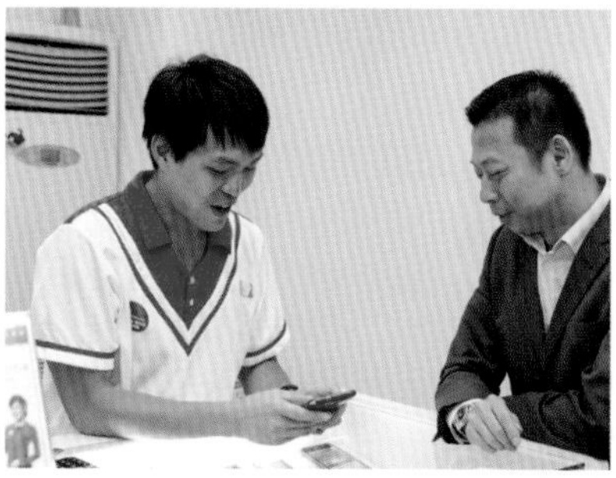

蔡明勳的工作時間分配表

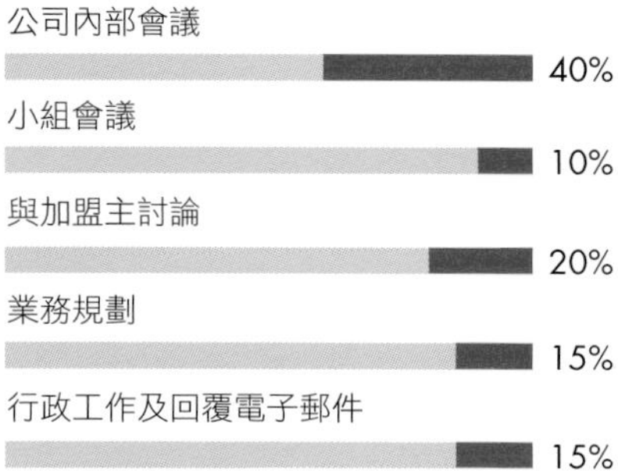

與加盟店的關係是夥伴，所以蔡明勳跑加盟店，找到大家一起賺錢的方法。

同樣的做事方法，蔡明勳也運用在平行面的溝通上。由於加盟店的業績需要總公司內部各個環節配合，為了確保對加盟店的服務不會跳票，他必須想辦法hold住很多人。和公司內部任何一個部門的同事溝通，蔡明勳總會先從別人的立場出發，想出一個看事情的角度，讓解決問題成為需要大家共同處理的事項，接下來要談就容易得多。

而有這一番化敵（意）為友的本領，靠的是他多年來「思考」、「想事情」的習慣。不管是初接工作千頭萬緒，還是工作上手以後新挑戰不斷，蔡明勳強調每天都要為自己留下思考的時間。蔡明勳很認真地表示，「今天加班，是為了明天不要加班！」

如何找到努力的方向？

不急著處理，先思考！

他回憶起兩年多前初次擔任加盟業務主管。第一天，他的電子郵件信箱就被各類郵件塞爆，更慘的是，其中有百分之八十的郵件看不懂。當時剛好碰上九天春節假期，蔡明勳沒有回中部老家過年，反而把八天的時間花在辦公室，列印出所有郵件，先分門別類，設法瞭解其中內容；等到年後開工，立即找來手下熟悉相關業務的同事，針對他不了解的部份逐一提問，直問到細節都清楚為止。

「在我之前，大部份加盟通路的主管都是由基層做起，我從來沒有接觸過加盟店的業務，大家都等著看我的表現，我自然得儘快進入狀況！」所以他給自己一段時間釐清狀況、思考最好的處理方式，才下手。不只是一開始，直到現在，他仍然要求自己抽空來思考「不緊急卻很重要的事」。像如何提升加盟店的價值？如何增加加盟店對公司的向心力？「經營座談」就是思考出來的一項行動方案，「經營認證」更從今年起成為遠傳電信所有加盟店續約時必備的程序。

如何排除管理亂流？

讓老闆知道你準備怎麼做

蔡明勳在負責北北基加盟業務時，決定趁加盟主續約的時機，請對方到公司針對自己的管理模

圖解！最厲害的時間運用技巧

Tip1

借力使力

組織「經營座談」活動，由成功的加盟者分享拓展業務的訣竅。

Tip2

直接連線

業務最不可離身的重要工具就是手機，從聯絡訊息、溝通業務、傳達消息，甚至瞭解市場情況都不能少。

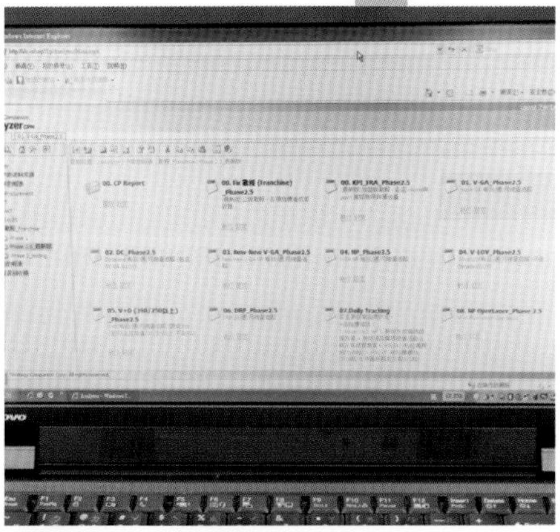

Tip3

隨身攜帶資料庫

電腦裡面的資料包羅萬象，公司相關的訊息也隨時更新，是讓自己與市場同步的最好夥伴。

透過團體式的分享和輔導，蔡明勳和團隊成員更了解各加盟主的需求和性格，也就能以適當的方式提出建議。

式進行説明，一方面讓公司對每一家加盟店、每一個加盟主有更多認識，也爭取一起討論的機會，建立未來合作的共識。

「加盟主都好緊張，因為之前從來沒有人這麼做過，很多人連結婚時穿的西裝都拿了出來，可見加盟主的重視。」加盟主看得出蔡明勳的誠意，也拿出自己的誠意，後續的合作建立起好的開端。

而不論蔡明勳想做什麼，總不忘先跟老闆説一聲，他的理由很簡單：老闆一定關心各種事務的發展和進度，與其悶頭只顧做自己的，逼老闆跑來問你事情的發展，甚至提出不一樣的看法，不如一開始就讓他知道，讓老闆也可以提出他的想法和建議，事情會進展得更順遂。

所以，蔡明勳會藉著每個星期一次的週會時間，在會後跟老闆簡單報告進度或是碰到的問題。「其實不過是五分鐘、十分鐘的時間，可是老闆知道我在做什麼，反而放心讓我用自己的方法和進度達到目標。」

如何管理效率團隊？

讓部屬知道為什麼要這麼做

遠傳電信目前在中部地區的加盟店將近百家，分佈的範圍有苗栗、台中、彰化、南投和雲林；除了每週固定開一次會，蔡明勳的團隊同仁並不需要到固定的辦公室上班。難道不會讓團隊的效率脱離掌控？

「我很少『管』我的團隊，可是我花很多時間和他們溝通。」每當公司提出指令需要業務同仁執行，蔡明勳會清楚説明指令的施行辦法，更重視解釋指令背後的想法，讓同事們知道要做什麼，更知道為何要這麼做。「我相信，人一旦信服其中的道理，就會拚命做；他們都拚命做，我還需要管什麼？」，他一臉淡定地表示。

這個管理理念受益於他第一份工作的主管。當時他在永慶房屋當業務，常常忙得半死，業績就是達不到公司要求，他的主管不曾指責，反而問：「你想要怎麼做？」年輕的他提出自己的想法，主管仔細聽完後，鼓勵他：「既然你想要這麼做，為什麼不試試看呢？工作已經很辛苦了，就應該做出成績來啊！」

蔡明勳認為每個業務都有自己對事情的看法，都想做自己相信

抓緊時間運用筆記型電腦看看公司的新動態和市場新消息。

兩年多的磨練下來，蔡明勳已經歸納出一套處理郵件的竅門：收到 CC 而來的郵件，多半可以直接刪除；資料夾多設幾個，就能分門別類方便後續管理。

會成功的事，而自己只是一個引導者（facilitator），讓大家有機會在一起成就一件事。也就是如此，召開會議時，他往往讓業務同仁發表自己的看法，互相討論各種做法的利弊；和加盟主進行經營座談時，也是請業績表現良好的加盟主和同業分享成功的經驗和做法。

晚上七點左右離開辦公室，蔡明勳手機和電腦仍不離身，閒來無事不忘抽出時間來閱讀郵件，偶而也必須處理一些緊急的事。問他：會有覺得厭倦的時候嗎？他顯得有些意外，「怎麼會呢？事實上，加盟業務還有很多可以思索和解決的問題呢！」

菜鳥的錯誤處 VS 老鳥的效率技

菜鳥這樣做	老鳥怎麼做
悶頭自己做，常常吃力不討好	隨時讓老闆知道自己重要的想法和做法，得到老闆的支持和建議
凡事都放在心裡，無法得到別人的支持與認同	樂於和別人分享，從別人的身上學習，也讓別人知道自己的想法
只從自己的角度想事情，完全無法與別人溝通	從別人的角度想事情，大家一起完成團隊和個人的 KPI
每天都在忙，卻總是窮忙	一定要撥出時間思考，找出事情的癥結再處理

蔡明勳的「數大就是美」管理訣竅

- Tip1 跟加盟店建立夥伴關係，永遠站在別人的角度討論事情
- Tip2 從成功者身上找到原因，複製到其他人身上
- Tip3 把月會改成經營座談，以輔導方式提出建議
- Tip4 讓老闆事前了解工作進度和處理方式
- Tip5 花時間和團隊溝通，再透過授權事半功倍

採訪撰文／郭明琪　攝影／林冠良

Q5 除了花費大量時間，想成為Top Sales，有什麼祕訣呢？

解答前輩：駱碧鶯／富邦人壽保險股份有限公司業務總監（59歲，保險業）

不加班事蹟　原本是公司獨當一面的會計人員，因此先生和媽媽都不贊成她轉做業務，怕耽誤到家庭生活，但她用事實證明業務工作可以很有效率。

工作成就　只做了十個月業務，就開始建立自己的團隊，迄今每二到三年就發展出一個通訊處。

保險業務主管の一日工作時間表

9:00 – 10:30	會議室	（這是對發展組織來說很重要的工作）藉由早會的機會討論公司新產品內容，分享工作上的點點滴滴
10:30 – 12:00	小會議室／辦公室	針對特定案例和同仁分享心得
12:00 – 1:30	午餐	相信好的保險產品可以讓客戶受惠，趁著和客戶共餐的機會詳細解說
2:00 – 3:00	拜訪客戶	定期和客戶碰面聯絡感情，並針對客戶的需要介紹新產品
3:00 – 4:30	展員會議	參加公司對管理人員所舉辦的展員訓練，自我充電仍然重要
4:30 – 5:00	咖啡小聚	固定和同仁喝咖啡，聊聊工作甘苦，幫同仁們打氣加油

「一旦了解一個產業的生態，你就能夠找到自己努力的方向，」穿著剪裁合身的黑色套裝，戴着黑白珍珠項鍊，富邦人壽保險股份有限公司富宇通訊處業務總監駱碧鶯表示，自己在時間管理上並沒有太多的訣竅。

早上十點，會議室外的同仁們正忙著工作。看起來一身閒適的駱碧鶯，指出事情根據緊急性和重要性來分有四種：重要而且緊急；重要但是不緊急；不重要但是緊急；不重要也不緊急。

「我們常常都在處理重要而且緊急的事，但是時間久了，自己的生理和心理都會負荷不了。」她提起自己的經驗，也坦承幾年前曾因為每天忙著處理緊急而又重要的事情，讓身體起了警訊。

「還好，我很快調整步伐，讓自己學著早一點開始處理重要、但是眼前並不緊急的事。」因為提早處理，這些事就不會變成緊急的事，也不會因為很重要而讓你臨場焦頭爛額。

可是，一般人要如何才能做到這一點呢？

認同自己選擇的工作
有熱誠就會在職場上發光

找出在產業裡該用力氣的地方

富邦人壽／駱碧鶯

駱碧鶯學的是會計，學校畢業從事的工作也是會計，在跳入保險這一行之前，已經是公司獨當一面的會計人員。只不過對她來說，保險工作似乎比會計工作有趣得多。當年保險業務人員來公司進行業務拜訪，她總能從對方口中聽到保險從業人員多彩多姿的生活；到不同的咖啡店喝咖啡，由客戶身上聽到各種的新鮮事。

她笑著說，那時候，只要老闆去三重看工廠，他們就很希望保險業務來拜訪，因為可以聽到很多「外頭的」新鮮事。

沒想到，那個保險業務竟然在某一天開口問她，有沒有興趣參與保險業務工作？並鼓勵她，認為她可以做得很好。駱碧鶯反問：「你一個月可以賺多少錢？」他的回答是大概五萬。「天啊！那是我當時薪水的兩倍多！」駱碧鶯仍然記得當時的驚訝。

在高薪的驅使下，她決定轉行，不過一開始媽媽和先生都不贊成。媽媽不贊成是因為覺得社會對保險

駱碧鶯的工作時間分配表

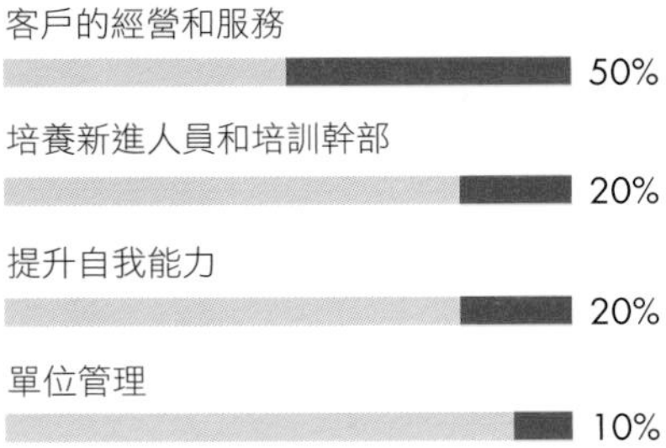

從業人員的評價不好；先生則是擔心她不能兼顧家庭。「所以，我從一開始就答應他會準時下班，也就是因為這樣，時間管理對我非常重要。」

一開始做業務，沒有廣泛人脈，能夠憑藉的就是熱誠和對產品的瞭解。駱碧鶯非常感謝當時服務的安泰人壽。她是第一批進入安泰人壽的業務人員，「你相信嗎？我連新生訓練都還沒有結束，就想衝出去把產品介紹給客戶。」

認同自己從事的工作是成功的第一步，而她相信好的保險產品就應該和客戶分享，一直到今天駱碧鶯仍然對工作充滿熱情。

瞭解自己產業的生態

找出在產業裡該用力氣的地方

和其他保險從業人員不同，駱碧鶯並不以作為一個保險業務員為最終目標。她很快就發現，如果要在保險產業裡做得好，「發展組織」是一件很重要的事。因為組織可以增加自己的影響力，業務的累積也可以加速。

一旦瞭解了一個產業的生態，「你做事情的方法和使力的勁道才會是往正確的方向，自然就能事半功倍。」

在瞭解發展組織的重要性後，駱碧鶯往這個方向花了很大的力氣。在組織成員人數和業績的雙重要求下，每二到三年就發展出一個通訊處。她自己也晉升到業務總監，承擔更大的責任。

指著辦公室一角茶几上一對長頸鹿的桌布，駱碧鶯因為工作上的表現優異有了很多出國旅遊的機會，眼前的桌布正是某次南非旅遊的紀念品。

觀察＋提問，創出格局

想要有所突破，不能怕走錯路

也就是因為瞭解到要在保險業發展建立自己的組織很重要，所以「就算是上課，我除了聽老師講課的內容，也會留意老師上課的方法和神采，以便學習領導統御的能力。」

駱碧鶯想再補充，「甚至，我還會回家對著鏡子，練習做簡報的技巧。」於是，駱碧鶯只做了十個月的業務，就按照自己的目標開始建立團隊，增加手下的保險業務人員。

多觀察幫助她及早瞭解產業裡的生態，但她也承認在發展組織的過程裡，有過困惑的時候。

發展組織非常重要，因此駱碧鶯隨時瞭解團隊的需求，自己也要時時充電。

比如同事曾經問她，在業務推展時，將要採取一種新的制度，那麼要怎麼處理過去的舊制度，才能避免中間的衝突呢？

藉著多觀察和向前輩請教，她逐漸發現：該做的就要立刻開始做！只要經過適度的溝通，破而後立是必經的過程。她也認為自己是個不認輸的人，多觀察多問讓她在同樣的時間裡，可以有更多的收穫。

成功來自於自律和刻苦

要求自己，在下班前達成目標

增加工作效率的另外一個重點是自律。以保險工作為例，除了公司例行會議之外，大部分時間都由著業務人員自由支配，所以如何妥善安排自己的時間，或者說運用有限的時間達到最大的效率和業績，就要看每一個人「自己管理自己」的能力。

由於當初答應過家人，絕對不會因為從事保險工作而影響到照顧家人的時間，所以駱碧鶯一路走來儘量不超過晚上六點下班，這算是她的工作原則。為此她得充分運用上班時間。

她曾經拿出電話本，按照上面的電話號碼一個一個撥過去，試著向客戶介紹產品的特色；她甚至曾經獨自拜訪大樓中所有辦公室，以接觸到更多的客戶。「我認識的人不多，又希望跑出成績，還能怎麼辦？」

回憶往事，駱碧鶯並不認為成功是天上掉下來的，她的確付出許多努力。過程辛苦，收穫卻不錯。直到現在，駱碧鶯的客戶中，仍不乏當年拜訪大樓時所結識的老客戶。

很多更成了多年的好友，她翻開自己隨身的記事本，上面密密麻麻排滿了行程或是代辦事項，從陪客戶做身體檢查到定期和客戶喝咖啡、聊聊近況，可見駱碧鶯服務的細緻之處。

給同事發揮的空間

能自律的業務，才走的遠

駱碧鶯也把強調自律的管理方式帶進了她的領導模式。在富宇通訊處，每星期只有一、三、五早上需要到公司開早會，時間從九點到十點半，只有短短一個半小時。其他時間，工作同仁都可

圖解！最厲害的時間運用技巧

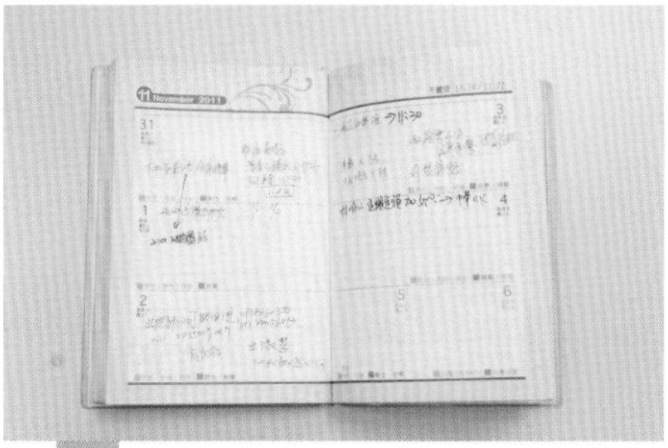

Tip1 善用記事本，記載每位客戶的資料

是不可以離手的貼身寶貝，裡面記著工作上的點點滴滴，也包括客戶的重要訊息，客戶生日時，說聲生日快樂，提醒客戶該注意的事情。一年一本的記事本，更是自己工作的最好紀錄。

Tip2 利用抽屜，管理自己每日的工作

收到任何資料或是代辦事項時，會按照星期一到星期五的一一放好，不會有任何遺漏，是每一天早上到辦公室第一件做的事，也是每天離開時最後做的一件事。置物櫃剛好有五格，找到的時候如獲至寶。

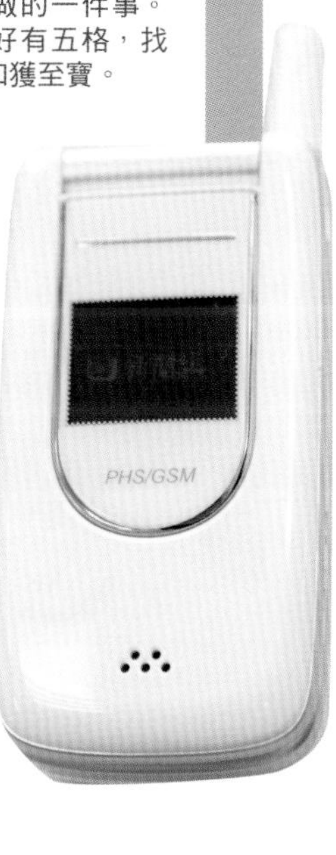

Tip3 隨時關心客戶的近況

不是時下花俏流行的智慧型手機，但因為它，才能夠和客戶保持緊密的聯繫，隨時提供客戶及時的服務。

以按照自己的工作習慣和作息，安排自己的行程，重要的是達到公司對於業績的要求即可。

她承認，不是每一個同仁都能瞭解這樣安排的苦心，或者都能妥善安排自己的時間。有些同仁也會因此失去在保險業發光發熱的機會。可是，「我認為要成功，自律非常重要。」

直到現在，駱碧鶯仍然要求自己在各項活動和業務的參與上，要以身作則，達到更高的成績，這也是她深入骨髓的自律要求所然。作為一個團隊的領導人，對於團隊的教育訓練也不可輕忽。在一週三次的早會中除了佈達公司的新政策，讓業務人員瞭解新產品的特色外，駱碧鶯也時常為業務人員安排成長課程。如出色的穿著和儀態、專業的剪報技巧，甚至個人的理財計劃。即使是在組織的發展和人才的培養上，駱碧鶯也要求自己盡心而為，「我們的早會很有意思的。」她自信地說。

提醒自己的小撇步
用五個抽屜，管理每週進度

為了能及時地完成各項工作，也為了讓自己不會遺漏客戶所託，駱碧鶯總是隨身帶著一本記事本，凡是生活中的大小事，隨手立刻記下。

翻開記事本中的一頁：星期一，提醒丁先生體檢；星期二，內部績效會議……。密密麻麻的行程記滿了記事本，確保駱碧鶯可以及時完成客戶的託付。隨著駱碧鶯堅定的手勢，衣襟上的別針閃爍著，「什麼事情早點做完就好了，不然要事後補救，麻煩得多。」

而在辦公室一角，放著五個抽屜的置物櫃，上面清楚列着星期一、星期二，一直到星期五。「這是我每天晚上回家前做的最後一件事，也是每天早上必進行的工作步驟之一。我會打開當天的抽屜，確定當天需要做的事。」

前一天先確認有沒有需要準備的事情？有的話先行準備；當天一早，則可以確定自己沒有錯過任何約會。「就算我當天一早就有行程，沒有辦法進辦公室，也會請我的助理打開抽屜看一下。」如果一件事情當天沒有完成，就要把那件事情放回抽屜，確定自己會在另一個時間完成。

駱碧鶯以前用檔案夾來完成這份工作，隨著工作份量加重，她

找到自己有熱情的產業，瞭解產業的生態，力氣才會用對方向，產生效果。

用五個抽屜管理自己每日要做的事情，如果有什麼事情當天沒有完成，就要把那件事情放回抽屜，確定自己會在另外一個時間完成。

意外發現剛好有五個抽屜的置物櫃，恰恰可以擺得下更多需要完成的事。有一段時間，駱碧鶯致力發展組織，目標是培養出三位幹部。她把這一項目標寫下來，貼在自己家的梳妝台上，每天早上出門前，都會重新提醒自己一次，後來，也確實如期完成。

看好業務工作的未來性
發掘潛能和膽識未來大有可為

靠自律和技巧，她的確做到了當時對家裡的承諾，顧工作也顧家，甚至現在先生也成為他的工作夥伴，一起投身保險工作。

這幾年，駱碧鶯工作重點主要在提供給客戶更好的服務和培養後進業務人員。她鼓勵年輕人瞭解自己的興趣，及早訂定目標；如果一時沒有找著方向，不如先從業務工作著手。

她的理由很簡單：任何一份內勤工作，競爭都非常激烈；而業務工作競爭不多，還有不錯的回報，在訓練的過程中可以發現自己的潛力，培養自己的膽識，可謂一石多鳥。

六月中，由於團隊在業務競賽中表現優異，駱碧鶯安排了南京行。她做了很棒的旅遊安排，並加上一句：「做好了，當然就要有reward（回報）。」或許這也是業務工作吸引人的一個地方。

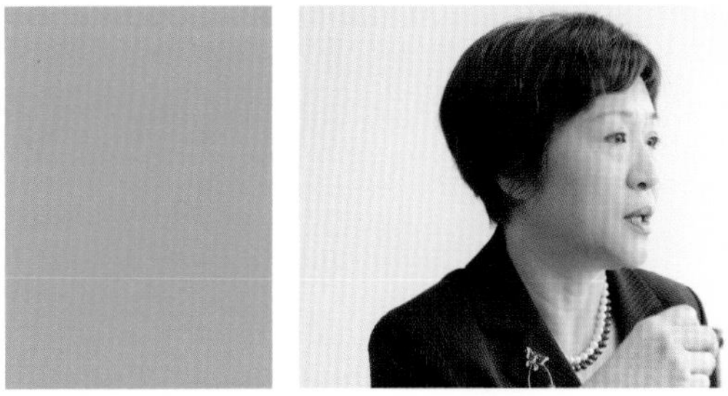

菜鳥的錯誤處 VS 老鳥的效率技

菜鳥這樣做	老鳥怎麼做
工作就是工作，沒有感覺，也沒有熱情	認同自己的工作，對自己的工作充滿熱情
只顧做自己的工作，對整個產業的發展不知道、也不在乎	瞭解產業的生態，找到發展的方向，才有機會事半功倍
生活懶散，得過且過，全沒有計劃	確定自己的目標，自己管理自己，尤其是業務工作，紀律是效率之母
不願意向別人請教，害怕犯錯	不懂就問，想有所成就就不要怕走錯路

駱碧鶯的「及早設定目標」管理訣竅

- Tip1 及早著手處理重要但是不緊急的事
- Tip2 找出在產業裡該用力氣的地方
- Tip3 用五個抽屜的置物櫃，管理每週工作進度
- Tip4 成功的人少不了自律

採訪撰文／林俞君　攝影／林冠良

Q6 業績有一搭沒一搭，因為不穩定，只好花更多時間接觸客戶！

解答前輩：陳玟綝／21世紀不動產．天母SOGO加盟店業務經理（38歲，房仲業）

不加班事蹟

週末假期是房仲人員搶業績的黃金時段，陳玟綝卻能堅持週六不帶看，留給家人一段完整的相處時間。

工作成就

入行不到一年，經手的委託案便衝破一百件。至今入行四年，除創造個人百萬業績，並擔任業務經理帶領八名組員。

陳玟綝學的是服裝設計，畢業後在流行產業工作了十六年，不但上班時間長，也常到外地出差。曾經她覺得只要是做喜歡的事，辛苦一點也沒關係；「但家裡兩個小孩逐漸長大，心思成熟了，開始有細微的心事，我想要多陪伴他們，聽他們聊學校的事、各種古靈精怪的想法。」因此她開始考慮轉行，換做時間較能掌握的內勤工作。

三年半前，陳玟綝終於踏出第一步，並遇到帶她進房仲業的啟蒙老師。「當時雖然想轉內勤，但還不確定要做什麼。在人力銀行登履歷後不少家房仲公司打電話來，因為領域完全陌生，我其實很猶豫，但其中一家不厭其煩，半個多月的時間裡跟我聊了有四、五次吧。越了解，越看見這行的發展性與自由度，最後決定試試看！」

聽話、閉嘴、照做！像海綿般吸收，一年內百件委託

陳玟綝的啟蒙者是房仲門市的老闆David及老闆娘Eva，後者是引她進房仲業的貴人，前者則幫她把底子打得紮實。「聽話、閉嘴、照做！」上班第一天老闆告訴陳玟綝這些話，她也就乖乖學，什麼都不排斥；先吸收，吸滿了再決定要排

房仲業務主管の一日工作時間表

6：40～7：10	家中	起床，煮早餐給一家四口吃，不要一早就外食
7：10～8：30	家中	家人出門後，開始洗衣等家務，有空則讓自己享受一下回籠覺
8：30～9：30	菜市場	買菜，菜可帶去公司冰，順路又方便
10：00～12：00	辦公室／客戶會議	進公司，開會、打客戶聯繫電話／談委託
12：00～13：00	辦公室	午休／跟店長開小會
13：00～16：00	附近社區	社區拜訪，找新物件、客情維繫、帶買家看房
16：00～17：00	學校	陸續接兩個小孩回家
17：00～18：30	家中	煮晚餐，與家人共享
18：30～22：00	辦公場所／客戶家／家中	回覆客戶、客情維繫、整理資料、帶看／拜訪客戶建立信任度，談委託、討論物件售價，若知道客戶生日、結婚紀念日，順道送小禮過去／沒安排拜訪時則在家，與家人天南地北的聊天
22：00～24：00	家中	小孩睡前陪伴，放鬆心情，有什麼工作明天再衝！

ABC 法則 +731 頻率，客戶、組員、家人通通 hold 住

21 世紀不動產／陳玟綝

掉什麼。

要像一塊海綿盡量吸收學習，這是我們從小聽到大的道理，但很少人做到，多數人都被膨脹的自我阻礙。許多人沒站穩就想飛，陳玟綝正好相反，她沒有想那麼多，光知道憨憨向前衝，結果入行不到一年，經手的委託案已衝破一百件。憑藉傻大姐的衝勁，陳玟綝繳出第一張漂亮的成績單。

因為老闆事業發展上另有安排，決定將陳玟綝所在的中和門市收起來，「照顧員工的他轉介我們到另一家房仲工作，也就是我現在待的21世紀不動產天母 SOGO 加盟店。」問她在工作上有沒有轉換期？因為天母房價比中和高，客戶從事的職業也不同，她熟悉的模式換一個地區不一定適用。

沒想到她爽朗回答，「我沒有這個問題耶！從事房仲業最需要具備抗壓性、自主與自律。這些我都已經鍛鍊起來了，這就是最好的打底，到哪裡都能適應。」

換個環境一樣成功

杜絕收入歸零的 ABC 法則

別看陳玟綝說得輕描淡寫，加盟店是無底薪制度，收入月月歸零，案子成交後就放鬆是大忌。「我把客戶分成三類：A是最急於購屋的，B是普通急，C則是其他客人。如此一來就算上個案子成交結案了，也馬上有下個服務目標，沒有理由怠惰。」

ABC 法則也適用於員工管理與兒女教養，在組裡帶領八個部屬，回到家中教育兩個小孩，每天的溝通協調量實在很大，「所以我請同仁跟我討論案子前，先分好 ABC，最急的A再和我討論，其他則是發揮他們自主性的時刻。」

面對小孩要求也是一樣，陳玟綝會讓他們想想，「和朋友去遊樂園玩，跟每週固定的補習，哪樣可以彈性調整，改約隔天或延到下午再做？」不需要當疾言厲色的主管與母親，陳玟綝利用好方法讓對方自己理出頭緒，省下的時間又能開發新案件！

狂打電話不是好業務

掌握 731 頻率，省時不討嫌

除了收入月月歸零的壓力，業務工作常會遇到拒絕、不信任，甚至嫌惡等負面情緒。陳玟綝建議換個角度思考：有些人只是想賣房子，但專員每天打好幾通電話，頻頻詢問為什麼要賣？之後有什麼打算？家中成員狀況等私領域問題，讓屋主備受叨擾，自然覺得業務員討厭。

「為避免這樣的情況，我摸索出與屋主聯絡最恰當的頻率，那就是731。」接觸第一週，七天內天天打一通電話回報，讓屋主感受房仲業務員積極處理案件；第二週則是三天回報一次，避免屋主彈性疲乏；第三週開始，若非特殊狀況，一週最少主動打一次電話。

陳玟綝思考如何把複雜的事情簡單做，但不能投機取巧，而是抓對要點，以優質的服務爭取屋主青睞。她笑著說，建立舒暢的互動後，因為和賣家、買家培養起朋友關係，後續對方樂於介紹要買賣房子的街坊鄰居給她，又給自己帶來更多成交機會。

3分鐘不如30分鐘

見面才能談出價值，明確省時

很多房仲業務花很多時間打電話，以為這樣比較省時，能用一

陳玟綝的工作時間分配表

項目	比例
內部溝通	20%
資料蒐集與整理	15%
外出拜訪	60%
行政	5%

不急不徐、堅定和緩的語氣，搭配專業分析，讓陳玟綝輕鬆贏得客戶信任。

圖解！最厲害的時間運用技巧

WELCOME

Tip1

凝聚向心力

銷售競賽結束後，陳玟綝號召業務同仁舉辦趣味處罰活動，在遊戲中凝聚組員向心力。

Tip2

資源活化共享

只在隨身活頁記事本留下最近資料，其餘每週清理，建檔至電腦與同事共享，讓效益加倍。

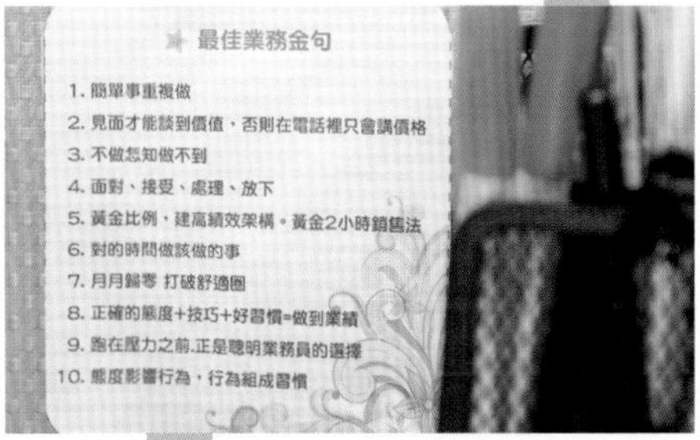
最佳業務金句
1. 簡單事重複做
2. 見面才能談到價值，否則在電話裡只會講價格
3. 不做怎知做不到
4. 面對、接受、處理、放下
5. 黃金比例，建高績效架構。黃金2小時銷售法
6. 對的時間做該做的事
7. 月月歸零 打破舒適圈
8. 正確的態度+技巧+好習慣=做到業績
9. 跑在壓力之前.正是聰明業務員的選擇
10. 態度影響行為，行為組成習慣

Tip3

隨時強化信念

電腦螢幕旁貼了一張「最佳業務金句」，是公司讀書會中討論出的要點，包含最有效率的做事方法，及強化信念的心法。

Tip4

具體化成功獎勵

以搭飛機圖提醒同仁達成業績就可以出國。

樣的時間關注更多案件。陳玟綝不這麼做，還有另外一層因素，「售價當然是買賣雙方最在意的事情，但在電話中往往跳脫不出價格上的討論，這時我就會儘量約見面。」

房仲業者服務的客戶範圍很廣，從公司方圓幾公里內、摩托車可到達的距離，遠至外縣市、國外都有。

人說見面三分情，陳玟綝不管客戶距離遠近，積極創造面談機會，透過面對面，更能讓客戶感受到服務熱誠及專業，並藉此建立信任度。

面對賣家時，她會分析為何最近是好賣點？並從對方言談中，進一步洞察他未說出的考量及需求，於是後續銷售時，能以理性邏輯分析，引導屋主感性主觀思考。

面對買家時，她會先帶對方在實體房屋中參觀，等對方有了感覺後，再針對內部格局、外部周邊環境，甚至是未來的潛力做介紹，讓人體驗物件的價值，比起多次電話溝通、憑空想像來得更有效。

挫折時到咖啡廳解壓

花小錢，換來好心情、好效率

房仲業務除了銷售、客情維繫，很多時間會花在開發案件上面。進行社區拜訪只是基本功，從熟識鄰里口中得知誰家要賣房子，依標準程序寄出拜訪信，再於信中註明時間前往拜訪，這些都是房仲業務耗費很多時間的工作任務。然而，「大概只有1％的陌生客會給我們機會，所以挫折容忍度要夠，否則多數新人入行不到半年就撐不下去了。」

陳玟綝不是鐵打的，當然也有

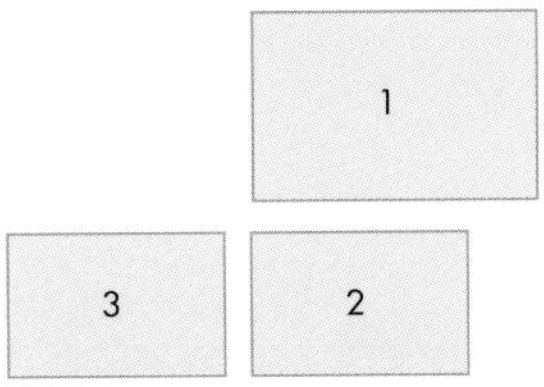

1. 陳玟綝所屬加盟店一樓大廳，有別於其他房仲業在門市入口貼滿好幾面牆的案件，這裡摩登典雅如名宅，讓客戶一進門便感到尊榮。
2. 銷售門市二樓，明亮窗景讓洽談時舒適自在，貝殼吊飾上滿是成交客戶的簽名。
3. 公司常舉辦小組競賽，使各團隊更積極緊密。

拜訪不順、事情繁多、心情煩亂的時候，「這時候我會帶著電腦去附近的咖啡廳，在安靜無干擾的情況下，安撫好自己的心情，之後再繼續回電客戶溝通最新狀況。」一杯咖啡一百多元，捨棄公司資源用自己手機打一通又一通的電話，每天累積下來也不是小數目，但她發現這些花費都是必要的。

「無法專心就什麼事都做不好，只要我能掌握情緒，工作效率自然提升。所以為自己創造環境，花點小錢，很值得。」

黃金週六堅持不帶看
保留一段完整的 family time

此外，週末假期是房仲人員工作的黃金時段，上班是常態。一年前剛升上經理的陳玟綝有深刻經驗，「那時剛帶組，每天下午四、五點小孩下課，會去國小、國中接他們回家，煮完晚餐後再返回公司，整理資料到十點才休息；就算回家，也常常還在處理工作，有時小孩興奮得想跟我分享學校的事，我卻不耐煩的說：沒看到我正在回簡訊／跟客戶講話嗎？」

「還有一次也滿誇張的，七點多回家，小孩開門見到我就說：媽你很奇怪耶，怎麼會在這種時間回來，好不習慣喔！」因為意識到與家人的距離越來越遠，陳玟綝決定調整自己的步調，除了工作情緒不帶回家，也堅持週六不帶看。

她發現只要願意，事情總有轉圜的餘地，「大部分的客人都可以在平日晚間看屋，如果真的不

從事房仲業最需要具備抗壓性、自主與自律！這些都鍛鍊起來，就是最好的打底，到哪裡都能適應。

行，才會約禮拜天；帶看對我來說是輕鬆的，所以即使約在晚上也不會有壓力。」

藉學習累積聊天資本 放在第一頁的英文香檳教材

為了讓工作品質提高，陳玟綝還做了額外的努力。在桌上一個常見的檔案夾裡，除了案件與專業資料，第一頁還放了英文版的香檳教材。看我面露驚訝，她笑著回應，「這一帶的客戶生活品質較高，要了解他們喜歡的話題，聊起天才有內涵。」

「這些都是自修的，就當作培養個人興趣、親近美好事物，鑽研起來挺有趣的。」近半年她報名了富爸爸顧問團課程，她相信懂得更多，與客戶聊起投資理財、節稅等話題就會更有概念，還可以從專家的角度給予建議。

資料夾裡還有好幾張表揚獎狀，包括連續幾季創造傑出業績、榮獲年度百萬經紀人獎等等，桌前則貼了搭飛機出國的Q版人像，這些都是陳玟綝激勵自己的動力，「就像我在每頁記事本都寫上『堅定信念→達成』，隨時提醒自己這個行業的有趣及發展性，就不怕挫折。」

幾個從經驗中淬煉出的省時工作法，加上房仲業彈性調配時間的行業特性，和沒有上限的薪資水準，讓陳玟綝如願提升了家庭品質。

連續幾季的傑出業績、年度百萬經紀人獎狀，說明在房仲業少見的「週六不帶看」情況下，仍能靠方法兼顧工作績效及家庭生活品質。

菜鳥的錯誤處 VS 老鳥的效率技

菜鳥這樣做	老鳥怎麼做
社區拜訪不順利，搜尋不到新物件	天氣熱大家工作皆辛苦，夏天帶杯飲料給社區管理員，展現禮貌及體貼，可能就會聽到新消息
配對不成功，業績無法達成	以 ABC 法則掌握優先處理案件，提升成交率
想藉由了解客戶背景做更好的服務，但過多的電話、拜訪反而成為打擾	聯繫時掌握 731 頻率，針對客戶需求回覆，不過度詢問
不擅長銷售高單價物件	充實節稅等專業知識，了解頂級客戶嗜好，如品酒、賞車、名錶等，拉近雙方距離

陳玟綝衝業績的省時工作法

- Tip1 利用 ABC 法則理出管理頭緒，省下的時間又能開發新案件
- Tip2 複雜的事情簡單做，用 731 法則跟客戶連絡，杜絕盲目接洽
- Tip4 為自己創造環境，花點小錢馬上提升工作效率

萬寶週刊
總編輯／莊正賢

BOOK11 電子書城
網站企劃主編／劉俊彥

歐普廣告設計
資深設計師／卓聖堂

夏深科技股份有限公司
專案經理／林賢婷

創意研發部門看過來！

生活與工作並重，
在最短的時間內創新

「創意產業」聽起來特別誘人，裡面充滿點子製造機！
他們好似可以天馬行空揮灑想法，產出最新、最動人、最耀眼的作品，
並且擁有令人稱羨的頭銜與光環。
但現實常與理想相反，美感與趨勢屬於主觀意見，決定權總在客戶與老闆手裡。
在來來回回的溝通中，偏離了原創構想；無數的修改，磨掉盡善盡美的初衷；
難以計算的時間堆疊，卻無法預料能得到多少肯定。
創意人是需要時間去吸取大量養分的，
透過萬寶週刊、BOOK11 電子書城、歐普廣告設計、
夏深科技的資深創意研發人員分享，
學習平衡工作與生活、重拾主導權的快樂工作祕訣！

360 度增進工作技能 Part3

創意研發篇

Q7 如何在窮忙的媒體業裡，
創造更多價值？
解答前輩：萬寶週刊總編輯／莊正賢

Q8 如何開發好作者，
在不景氣時代讓產品叫好叫座？
解答前輩：BOOK11 電子書城．網站企劃主編／劉俊彥

Q9 如何 Hold 住客戶，
接受最有創意的設計？
解答前輩：歐普廣告設計．資深設計師／卓聖堂

Q10 如何做好專案管理，
讓各部門有志一同、達成目標？
解答前輩：夏深科技股份有限公司專案經理／林賢婷

採訪撰文／郭明琪　攝影／李國良

Q7 如何在窮忙的媒體業裡，創造更多價值？

解答前輩：莊正賢／萬寶週刊總編輯（37歲，媒體業）

不加班事蹟　為發行週刊，每週四截稿期所有工作同仁都非常辛苦，常常不到半夜沒辦法離開辦公室，從莊正賢接手後，大幅改善星期四加班的狀況。

工作成就　由月薪二萬五千元的研究助理做起，不到十年時間，不只如願成為公司的研究員，更以三十七歲「低齡」擔任國內理財雜誌第一名萬寶週刊總編輯。

莊正賢大學畢業、服完兵役的第一份工作，是到外商銀行擔任外匯交易員的助理。當時他的月薪五萬元，每天做的事情就是將前一天外匯交易的情形通知主要客戶，並且讓他們知道主要交易的情形。如果星期六早上來加班，還可以拿兩倍的薪水。

可是這份工作莊正賢只做了三個月！就在老闆告訴他試用期滿，可以成為正式員工，也會酌量加薪的時候，他提出了辭呈。理由是「雖然它的待遇真的很好，但我不想要一份讓成長停滯的工作。」坐在位於松江路帝國大廈的會議室，莊正賢從他的第一份工作開始談起。

找到天賦更容易發光　並且不要停止學習

莊正賢認為這就是增加工作效率的第一個關鍵：認清自己的能力和興趣，選擇適合自己的工作。這也不是莊正賢第一次做出出人意表的事了。在他就讀建國中學高三那一年，毅然決然離開唸了兩年的自然組，轉到社會人文組。

「一般人都覺得男生嘛、建中嘛，當然應該唸自然組，何必跟北一女去拼歷史、地理？」他平心靜氣地談起當年的選擇，並不是唸不

媒體主管の一日工作時間表

7:00 ～ 7:30	上班途中	早點出門，錯開塞車時段
7:30 ～ 8:30	閱讀當天報紙準備開會資料	
8:30 ～ 9:00	早會	和投顧部分的同事們分享當天市場值得注意的發展
9:00 ～ 13:30	盤面的主要瞭解	隨時注意股票市場的發展，第一手資料最重要
13:30 ～ 17:00	專訪記者會	
17:00 ～ 18:00	與週刊記者討論當天的工作情形	以一對一的方式瞭解同仁們當天的工作情形與可能碰到的問題，面對面的溝通最有效率，也最節省時間
18:00 ～ 20:00	閱讀當天的研究報告回到甜蜜的家	自己的沈澱時間，也避開擾人的塞車

絕對不要做一份讓你滿意、但停止學習的工作

萬寶週刊／莊正賢

好物理、化學，只是既然知道自己的興趣所在，又何必一直錯下去？

莊正賢以為一般人的資質可能差不多，可是每個人的強項絕對不一樣，所以增加效率最重要的就是認清自己的能力，絕對不要做一份讓你滿意、但是停止學習的工作。

勇於追求發光機會
準備好了，就不要害怕嘗試

離開了人人稱羨的外商銀行，莊正賢來個大轉向，進入本土投顧公司當研究助理，起薪只有兩萬五，剛好是前一份工作的一半。這份工作的性質是幫投顧公司的顧問們準備資料、搜集資料。

他承認自己本來對股票市場就不夠熟悉，所以進入這家公司以後，上班時間他忙著完成工作上的要求，下班時間以後，他便重新拿起投顧顧問們的研究報告，試著自己做功課，包括瞭解報告裡面的內容，也試著用自己的角度來進行分析，訓練自己的分析能力。

「我相信機會永遠是給有準備的

莊正賢的工作時間分配表

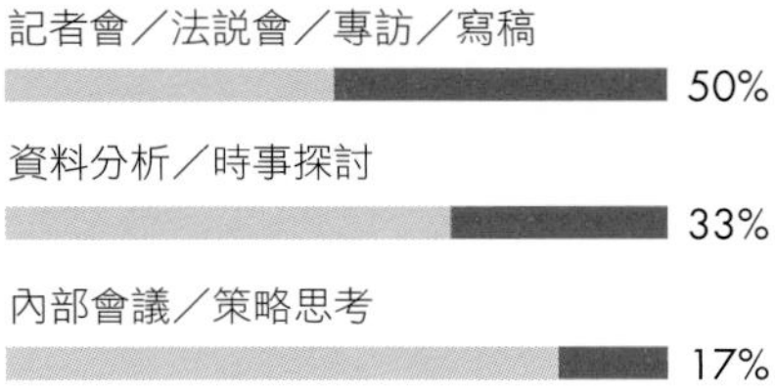

人。」有一天，在例行的早會後，社長例行地問了一句：「還有人有其他的問題嗎？」這時坐在會議室門外的莊正賢舉了手（是的，研究助理當時在每天固定的早會上，只能坐在會議室的門口），把他前一晚準備好的、關於羊毛市場走向的分析報告，當著所有投顧顧問面前與大家分享。他做好了準備，也抓住了機會，他的收穫就是很快地成為萬寶投顧正式的分析師。

莊正賢永遠讓自己準備好。所以某一回老闆生病無法接受媒體採訪時，他獨挑大樑，代表公司接受媒體的採訪，「那一次真的很有成就感，我還在回家的車上，就有朋友打電話告訴我，他從廣播上聽到我的採訪。」那一年，莊正賢二十七歲。而在萬寶週刊社長朱志成問他是否願意擔任週刊副總編輯時，他輕描淡寫的說：「我想了一想，回答說好像沒有什麼不可以的地方？」莊正賢強調不要畫地自限，「你不試，永遠都不知道自己的潛力在哪裡。」

一分耕耘一分收穫
收穫不一定來自耕耘的地方

他接著說，天下最公平的就是時間，不管你是誰，每一天、每一個人都只有24小時，所以「一分耕耘，一定要求有一分收穫。」這句話乍看老套，卻是讓時間不落空、不白費的真理。

以他所在的週刊為例，在媒體充斥的時代，週刊時效性絕對比不過網路，也比不過電視，不過既然要做這份工作，就要找出別人看不到的價值，呈現出來！「我們的週刊必須有打破沙鍋問到底的精神。同樣是數據，我們的記者不能只看這家公司的數據，更要去和同類型的產業比較，不停的質疑，就是要具備求真求實的技巧。」這樣的精神，讓萬寶週刊以一本二百六十八元的高單價，依然在通路上高居理財類型週刊的第一名。

輕重緩急新解
消費者買單的事情才是要事

「有的時候，你的收穫不一定來自於你耕耘的地方。」為了達到目標，莊正賢認為絕對不可以只顧著解決眼前看似緊急的事，而應該致力於解決重要的事。因為緊急的事未必是重要的事。「我寧可全心全力地處理一件重要的事，而不是草率地把很多事做完。」

每年五、六月開始，公司股東會進入旺季，萬寶周刊因為雜誌屬性的關係，也同時面臨一年中最忙碌的時間。可是莊正賢對同仁的要求，並不因為忙亂而動搖，「期許他們參加股東會時，能發掘出不同於統一新聞稿的角度和看法，而不是參加了很多股東會，除了一份和別人一樣的新聞稿之外，什麼都沒有。」重要的事情才會對事情的成敗發生影響，而不一定是緊急的事。

對於自己的媒體來說，消費者的需求、消費者的興趣正是莊正賢決定事情輕重的重要指標。

辦公室安排有玄機
坐一起，即時掌握工作狀況

正由於對效率的追求，莊正賢遲遲未搬入專屬辦公室。儘管他擔任總編輯已超過三年時間，社長也再三提醒過他，他仍堅持自己的辦公桌就是要和其他同事在一起。

「這樣我可以看到其他同事最及時的反應。」不管是完成一個採訪、參加完一場記者會，只要同仁走進辦公室，莊正賢就會留心他們臉部的反應：或興奮，或若有所思。

「如果我窩在自己的辦公室，就沒有辦法看到同事們及時的反映，還得請祕書安排同事到我的辦公室。雖然都是零碎時間，可是，把零碎的時間節省下來，效率自然就增加了，需要加班的時間也就不多了。」

不只是座位的安排，莊正賢考慮到零碎時間的運用，在自己的生活作息中，也設法提高效率。

好環境＝好效率

縮短通勤，而非一心二用

家住在天母的莊正賢，每天必須通車來回天母住家和松江路辦公室，因此他規劃每天出門和回家的時間，巧妙避開交通阻塞的時段。他笑了笑，解釋自己習慣開車，如果跟大多數上班族同個時間出門，恐怕單程就得在路上花上一個多小時。他索性早上早點出門，晚上晚一點下班，這樣一趟車程只需要半個小時。

早上多出來的一個小時，可以準備當天上班需要的資料；下班時多出來的一個小時，則可以看投資相關的研究報告。「做什麼都比塞在路上，什麼事也不能做來的好。」他毫不猶豫地強調。

莊正賢相信凡事都要講究效率。他舉自己高中時的經驗為例：很多同學都會在公車上看書，車子晃來晃去的，他看在眼裡，心裡很是納悶。「這樣做，真的好嗎？」在他看來，不如趁著坐車的時間稍作休息，回家再好好看半個鐘頭的書，效率一定會更好。

同樣的，莊正賢盡量堅守一個禮拜工作五天的原則，而讓週末的時間完全留給家人。「即使我會在週末閱讀和工作有關的書籍，可是換一個環境，心情自然不同。」就是休閒，對於莊正賢也能在工作上產生效果。「有一天我在電視上看到『淡定』這兩

圖解！最厲害的時間運用技巧

Tip1

隨時提出建議，減少會議時間

和同事們使用同一間辦公室，是莊正賢簡化管理工作的好辦法；隨時關注同事的狀況，協助同事提升能力，最後便能提高整體團隊效率。

Tip2

隨時接受訊息，無限靈感來源

好的智慧型手機可以提供幾乎所有需要的訊息，而「傳遞資訊、整合內容」正是媒體存在的價值。

Tip3

隨時查核數據，反饋最有力資訊

為了提出更有價值的觀點和數據，資料收集是非常核心的決勝因素，莊正賢多年來的心血全放在眼前這一台筆記型電腦裡。

找到自己的興趣，讓自己發光，但不要滿足於一個會讓自己停止學習的工作。

個字，覺得這個名詞最近很紅，我就想這個名詞對於我的讀者會有什麼意義？」看著萬寶週刊上Lady Gaga一襲綠衣的封面照，引人注目的Lady Gaga投資啟示的封面。生活中的休閒面，讓他找到新的亮點，是他提高工作效率的另外一種方法。

追求團隊工作效率

找出可以提前完成的工作

而莊正賢不只把時間管理的功力用在自己的工作上，也運用在他所在的工作團隊。以週刊而言，一般的截稿時間是每個禮拜的星期三和星期四，所以工作慣例上，這兩天所有的工作同仁都非常辛苦，工作壓力也大到極點，星期四更是常常不到半夜沒有辦法離開辦公室。

莊正賢接手總編輯工作後，發現萬寶週刊中有部分內容，和當週的股市發展關聯度較低，在截稿的時間上可以稍微彈性提前。編輯團隊中的其他環節，如美術編輯，也可以早一點開始工作。

在大家的通力合作下，現在萬寶週刊的截稿時間提早由每週二開始，不同部門的同事可以按照自己稿件的特性，安排交稿時間；後製部門的同仁則可以早點開始工作，減輕星期四的工作份量。由於加班情形改善了很多，也減少同事們太晚回家在安全上的顧慮。

發揮自己的強項

和同事分工互助，又快又好

回想當初擔任研究助理的時期，莊正賢就曾經和當時的兩位同事攜手合作，一起提升工作的效率，達到三贏的局面。

當時他們三個助理分別協助三位投資理財顧問，工作主要有兩個部分：一是運用電腦軟體製作相關的剪報資料，二則是將相關的公司訊息剪貼成為電子檔案的形式。

討論過後，他們將工作重新分配：莊正賢負責將公司所有的資料剪貼成電子檔案的格式，另外兩位助理則為三位投資理財顧問準備簡報的資料。莊正賢認為這就是讓對的人去做對的事。

因為他自己擅長整理、剪貼資料，也對這一份工作很有興趣，想藉機瞭解公司的業務發展，但是他對電腦軟體的運用並不擅長，而這正是另外兩位研究助理的專長。透過專業分工，達到整體工作效率的提升，「我們大家加班的次數都變少了。」

「唯一的後遺症是，直到現在，我的簡報製作技巧像

只是省下塞車時間，一天就多出兩個小時。不論拿來讀書還是準備資料，累積下來的效益極為可觀。

增加團隊能力的不是一次又一次的會議，而是一次又一次的互動。

PowerPoint還是不好。」想起當年，他補上了一句話。

團隊效益要靠教的

在一次一次的互動中提升

減少加班最好的方法就是擁有一個工作效率高的工作團隊，這一點對主管來說尤為重要。但光是「說」團隊效率要提升，是沒有用的，這是做為主管的人要「教」的。

正是抱持著這樣的觀點，每回莊正賢自己出馬採訪的時候，一定會請公司同仁一起前往；每一次同事採訪回來，莊正賢也都會撥出時間，瞭解採訪過程的細節，提醒同事下次採訪時需要注意的地方。

他說了一句可供主管們共勉的話，「增加團隊能力的不是一次又一次的會議，而是一次又一次的互動。」莊正賢相信只有工作團隊不斷提升，作為主管的人才有機會做好時間管理。

採訪告一段落，莊正賢走回辦公桌，祕書提醒他接下來還有一個專訪。在臨走前，詢問他下一個目標是什麼？畢竟萬寶週刊已經是理財類型週刊第一名，競爭者似乎還在努力追趕中。

他想了一想，回答：「萬寶週刊協助我們的讀者有了比較好的經濟條件，下一步應該是藉由媒體，來體會更多屬於生活的美和更好的人生。」我們拭目以待。

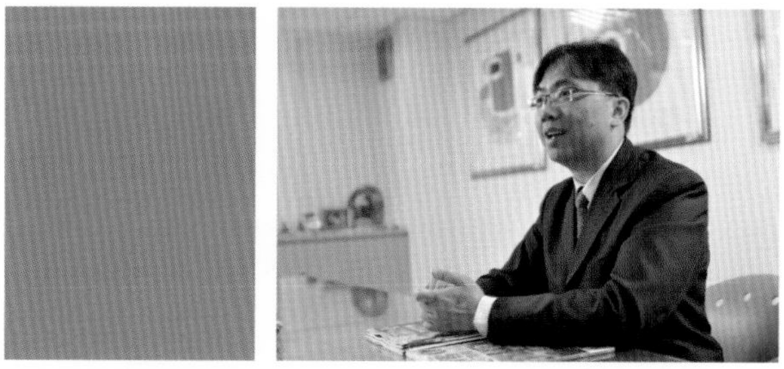

菜鳥的錯誤處 VS 老鳥的效率技

菜鳥這樣做	老鳥怎麼做
對於工作沒有長遠規劃，容易自滿	找到自己的天賦，並且持續灌溉
畏首畏尾，只做老闆交代的事	機會屬於準備好的人，準備好了，不怕主動站出來
總是抱怨做白工	相信自己花的時間不會白費，做過的事情總會在最後顯出價值
一會做這，一會做那，完全沒有重點	幫自己找到最適合的工作方式，提高效率

莊正賢「與工作夥伴坐一起」管理訣竅

- Tip1 一分耕耘，一定要要求有一分收穫
- Tip2 解決事情的先後順序應該以輕重為首要，而不是緩急
- Tip3 隨時關注同事反映、改變通勤時間，把零碎的時間節省下來
- Tip4 增加團隊能力的不是一次又一次的會議，而是一次又一次的互動

採訪撰文／林俞君　攝影／李國良

Q8 如何開發好作者，在不景氣時代讓產品叫好叫座？

解答前輩：劉俊彥／BOOK11 電子書城．網站企劃主編（33 歲，出版業）

不加班事蹟　編輯工作是任務導向，加班為常態，但劉俊彥懂得掌控要點不做白工，跳脫傳統模式，不加班的生活將邁入第四年！

工作成就　一個月處理完兩千六百本版權寫真書，包含消化內容、中文化、評估推出時機，到上傳電子書檔案、上架推出。

內容主管の一日工作時間表

7：00～8：00	家中	7 點起床，做早餐與老婆共享，料理家務
8：00～9：00	通勤	從八里出發至復興北路上班
9：00～9：30	辦公室	收發 e-mail
9：30～11：00	辦公室	（每週一）主管週會，討論公司計劃及進度
11：00～12：00	辦公室	整理合約，行政表單、請款單送件
12：00～13：00	辦公室	午休
13：00～14：00	辦公室	審稿、試做封面
14：00～16：00	辦公室	與作者面談
16：00～18：00	辦公室	校對及稿件上傳
18：00～19：00	下班後	六點多下班，與在附近上班的老婆相約晚餐，或回家
19：00～21：00	下班後	逛街、逛網站觀察趨勢，培養對流行的敏銳度
21：00～24：00	家中	看看新聞、個人休閒，約凌晨 1 點睡

觀察蘋果日報暢銷小說排行榜，會發現每個月常有過半是輕小說，什麼是輕小說？除了字面上「可輕鬆閱讀的小說」之外，口語化、搭配動漫插畫、題材廣泛等是其特點，從青春校園、戀愛、奇幻，到神祕、恐怖、推理無所不包，吸引十二到十八歲青少年，是塊不容忽視的市場。而劉俊彥就是這股熱潮的幕後推手之一。

從劇場設計系畢業，二十七歲前在屏風表演班做舞台工作，後來因為愛書轉業為編輯，劉俊彥六年來先後在知名網路文學平台鮮文學網、華文網網路書店任職，編輯推廣《實習死神》、《魔傳 online》等暢銷輕小說，目前為 BOOK11 電子書城網站企劃主編，規劃擅長的輕小說市場，及懸疑推理故事、寫真等書。

他笑著說自己在擔任基層編輯時期，還沒有摸索出工作方法，又不知道掌握大方向，常常加班加得兇。升上主管以後，除了既有工作還要兼行政管理，卻因此脫胎換骨，帶著三個屬下，一年內做了一百本書，不少本還上了暢銷小說排行榜。

輕小說作者通常來自網路上的文學討論區，創作愛好者發表作品

知道老闆期望達到的績效，再順勢而為

BOOK11 電子書城／劉俊彥

的同時，便考驗其人氣及潛力，若獲得一定的迴響，編輯會進一步接洽討論，將網路上的連載文修潤成書，再加上包裝與行銷，推廣至實體通路或線上書店販售。

書店銷售狀況好的話，就會再簽下一本的出書合約，而在瞬息萬變的青少年閱讀市場裡，維持住讀者對作者的忠誠度，就是編輯的功力所在。

增加六倍速度的審稿法

只有讀者才每個字都讀

回想起改變工作習慣的契機，劉俊彥說：「前公司開發輕小說新部門時，沒有人願意接，我就接了！沒想到不但從主管會議了解老闆想法及業績要求，也自此培養起對輕小說的敏銳度。」

以審書稿這件事來說，投稿或討論區中已發表的故事，每篇約六萬字；剛入行時，劉俊彥每天只能審完三篇稿。「審完」的意思是指從頭到尾閱讀完一遍，了解整個故事的來龍去脈，並決定要不要與作者簽約、合作出書。換句話說，當時劉俊彥每天得看完十八萬字。

雖然數量驚人，但編輯的工作還包含文稿修潤、與同事討論封面繪製、行銷策略發想、贈品設計製作等，產出一本書的必要流程都在工作範圍內，也因此難逃沒日沒夜加班的下場。

隨著經驗累積起來，劉俊彥不再土法煉鋼，現在的他每天可以審二十幾篇稿子！「因為從前面幾句就能看出這個作者會不會寫文章，他的陳述方式吸不吸引人？」如果前頭不OK，也就不用往下細讀，若開頭很不錯，接著「再一段一段瀏覽，快速抓到故事大綱，把大綱不錯的文稿挑出來。」

原來他的超效審書祕訣就是：不在前期過於仔細閱讀，而將細節審閱和潤稿留到後面再二合一處理。這一招還有後續說明，「潤稿時一個字一個字改，是最沒有效率的，編輯必須快速匯整資訊，並有條理的將方向擬出，既能與作者順利配合，又不會瓜分掉自己大量時間，才有餘裕去開發新案子。」

也因此劉俊彥挑出好文章之後，會先與作者聯繫碰面，簽約確認稿費，接著再由編輯將故事劇情切成大塊，建議作者如何調動順序會使故事線更生動，或者提供參考文本，協助作者調整敘事語氣。

快速設計封面的溝通法
直接用畫面和繪者溝通

當合約簽下來、故事大綱確定，作者逐步修改文字的期間，輕小說編輯有個重要任務，就是發想書籍封面。輕小說封面多以動漫插畫方式呈現，一來符合青少年的喜好，二來封面上的人物形象是書中角色的實體化，當虛擬角色有了樣貌，讀者更容易有認同感，也有利開發周邊商品。

每逢書展時，許多年輕人排隊搶購的就是印有這些輕小說角色的文件夾、便條紙、抱枕等，可以說封面肩負了延伸商機的使命。「輕小說的成敗，坦白說有六成都在封面，除了投讀者所好，若繪者畫出來的形象與作者想像不同，就會產生歧異，增加來回修改的時間。」

每次跟外發的封面繪者溝通修改方案，一來一回之間需要半個月，劉俊彥從早期一個封面就得改七、八次稿，到現在可以順利

劉俊彥的工作時間分配表

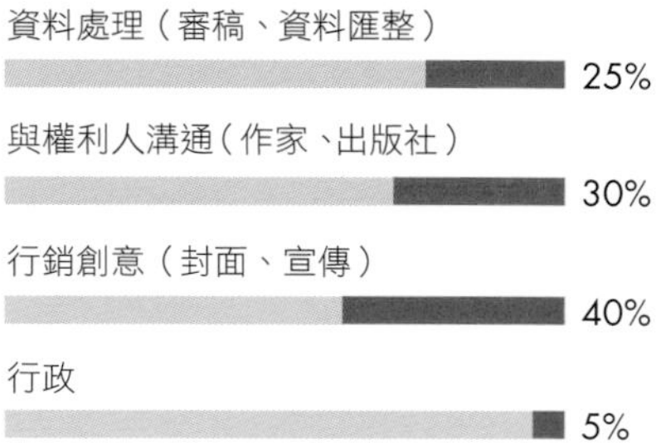

執行長愛蒐藏玩具、公仔，增添辦公室的樂趣。

在兩、三次內定案，最多省了三個月左右的處理時間。到底他是怎麼辦到的呢？

「以前只用嘴巴溝通，跟繪者說哪些地方要改，後來乾脆自己學PhotoShop，先花點時間製作草稿，溝通起來就順利多了！」這個法子看似簡單，多數編輯卻不願意、也不會花時間去做。編輯通常擅於文字及邏輯，劉俊彥具備設計底子，不怕動手排版，一旦將所需元素、人物姿勢、整體排版做成草稿，繪者畫出的稿子就跟理想中的畫面差距不大。「只要自己多花幾天時間，就能省下兩、三個月的設計溝通期，有時甚至一次OK。」劉俊彥笑著說。

優先處理別人交付的事

享受團隊合作的成果

BOOK11電子書城顧名思義，發行的全部是電子書，劉俊彥目前擔任網站企劃主編，因為有其他專業部門支援，不需要像傳統出版社的編輯，統包管理業務及行銷事宜，而可以將全部時間專注在開發新書作者，及挑選優質版權書。

「公司有非常專業的行銷同事，我們的書除了在公司官網，也在十三個網路平台曝光，譬如電信業網站。書籍編好後，有專門協助製作、上傳的同仁快速更新資料。此外還有版權部同事專門負責國內外談版權書，目前拿下一批日本女星寫真，共二千六百本，我負責接續消化、中文化、評估市場，再有策略的逐步推出。」

說起工作，劉俊彥隨時彰顯團隊，因為深受團隊支持，他也以別人交付的事優先，不願意讓人等。「大家都是互相的，儘快協助合作部門同事完成工作，對方也會以同樣的態度回報。」在二十多人的公司裡，技術部、版權部、行銷部、內容部高效而緊密的支援，是這間成立三年的公司能佔據市場的原因之一。

試著提高看事情的眼界

從老闆的角度看全局

很多人常說不懂老闆在想什麼，或者覺得老闆的決策沒有道理，但劉俊彥不這麼想。事實上，

圖解！最厲害的時間運用技巧

Tip1 隨時記錄讀者喜好

筆記本、平版電腦、手機，及其他市售輕小說是每天放在身邊的工具。

Tip2 用工作者熟悉的「語言」溝通

利用繪圖軟體先排出理想中的封面樣式，以此與封面繪者溝通，可大幅減少來回修改的次數與時間。螢幕中右圖為正式書封，其餘為劉俊彥先試排的元素及草稿。

Tip3 開會時要有畫面

平板電腦是展示電子書最好的工具，快速方便、一目了然。

公共參考書櫃是找尋靈感的好地方，
除了輕小說，也有商務管理類書籍。

他現在能有效率的工作，除了自己累積足夠經驗，還有一部分是老闆的啟發；倒不是老闆直接說該怎麼做，而是他會推想老闆要的是什麼，設身處地思考過後發展出的方法。「擔任主管職後，知道公司的長期目標，規劃起事情也比較能看得遠，不會陷在處理不完手上案子的情緒中，不知道事情什麼時候會做完。」

知道了老闆期望達到的績效，並觀察前端版權部正在洽談的書別，判斷出公司的長程規劃，就不會執著於「為什麼我的提議不被接受？」的負面想法，而是順著公司政策，從中再做最好的發揮，最重要的就是掌握了專案的時間，利己也利公司。

許多職場新鮮人費力耗時想出新點子，得不到賞識便開始埋怨上級，這樣反而失去了提升眼界的機會。劉俊彥認為老闆通常見多識廣，與其認為自己懷才不遇，不妨換個角度，想想他考量的是什麼？也許會有另一番體悟，工作表現也容易受到肯定。

異業合作、借力使力
千萬別一開始就死在沙灘上

前面提到輕小說出版後，會依封面人物發展出周邊商品，劉俊彥也會針對愛蒐藏的讀者們發想贈品，提高讀者的購買慾。譬如曾有一回，他為負責的實體書發想贈品，「書中場景設定在劇院，我們找廠商開發，做了木刻小印章，上面是劇院的符號。」跳脫最常見的紙製品形式贈品，用稍高的成本，為該書建立起獨特感，在讀者群中獲得很好迴響。

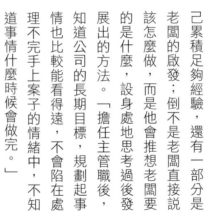

潤稿時一個字一個字改，是最沒有效率的，編輯必須快速匯整資訊，並有條理的將方向擬出，既能與作者順利配合，又不會瓜分掉自己大量時間，才有餘裕去開發新案子。

劉俊彥也曾經與知名品牌瓦奇菲爾德、九藏喵窩合作，異業結合拓展書的能見度。

轉換到網路平台，他也有一套操作邏輯，以吸引更多讀者認識BOOK11電子書城。「挑作者時，我會找已經出版過幾本書，有一批忠實讀者的，只要這類型作者與我們簽約，自然會帶入基本人數上網購買電子書。」公司代理日本女星寫真也是類似道理，在這類型書中，不一定要是知名人物，但以可靠內容吸引眼光，「等眼光聚集了，我們仍會持續推出文學及其他書系。」

正因為了解公司政策及背後原因，便能全力支持。不論是藉作者本身的支持群眾，或是以美女內容吸引網友，都是借力使力，讓出版工作更順利，但一步一步走得穩健的劉俊彥強調：「不管是用什麼方法，想要有效率又準確的完成工作，最終依賴的還是扎實的基本功。」

編輯工作常是孤獨的，唯有得到市場肯定，創造好銷量，才不會落得曲高和寡。劉俊彥很清楚行業真實的一面，在任務導向的工作中，掌控要點不做白工，跳脫傳統模式，為自己實現了不加班的生活！

菜鳥的錯誤處 VS 老鳥的效率技

菜鳥這樣做	老鳥怎麼做
知道要做的事項，但不知道為什麼要這麼做	由主管告知長遠計畫，使員工較有目標，執行時也能進一步考量
說了不該說的話，譬如與網友筆戰不休	解釋為什麼這麼做的原因及道理，不要試圖脫罪
花太多時間經營官網、Facebook	輕小說讀者最重視的是出版時間、有沒有贈品，至少提供這兩項基礎資訊，有餘裕再做其他經營
與其他部門衝突，鬧到老闆面前	以合作部門的事為優先，互相幫忙不讓人等

劉俊彥的不做白工編輯法

- Tip1 快速檢視陳述語氣、抓出故事大綱，不一個字一個字閱讀就能判斷作品好壞，審稿速度增加六倍
- Tip2 用畫面和繪者溝通，比起口頭討論，封面設計時間最多省下三個月
- Tip3 合作部門的事優先處理，需要協助時也能得到高效而緊密的支援

採訪撰文／林俞君　攝影／林冠良

Q9 如何 Hold 住客戶，接受最有創意的設計？

解答前輩：卓聖堂／歐普廣告設計．資深設計師（35歲，設計業）

不加班事蹟

大多數設計師無法擁有完整的下班時間，卓聖堂卻常能夠六點至六點半下班，從下班到睡前共七、八個小時，完全可以自由運用！

工作成就

服務過的客戶包含可口可樂、禮坊喜餅、白蘭氏、廣達集團等，都是赫赫有名的國內外大公司。

梳著好似嘻哈樂手的髮型，外表看來走潮流路線的卓聖堂，要我們稱他為「沙沙」，取自綽號Saku的第一個音節。

一提到設計師，總給人「小時候會畫畫」的鮮明形象，沙沙確實就是這種會畫畫的小孩。國中階段就得過一些繪畫獎項，喜歡改編漫畫，高職順理成章考入復興商工廣告設計科，十來歲便開始設計生涯，一晃眼到現在居然已經超過十五年。

設計業「加班是常態」的現象他也難以避免，尤其二十五歲到三十歲間自己開業接案，年輕愛玩，經常一天當兩天用。直到最近兩年，他才跳脫日夜不分的工作作息，讓生活與工作各安其位。

由於公司文化鼓勵不加班，再加上自己東奔西闖中理出的頭緒，現在六點半下班到睡前的七、八個小時，便是充足的個人時間，玩創作、逛街看展、聚會閒聊，極其自由！

工作生活傻傻分不清楚
一天當兩天用才夠青春？

「年輕時很幸運認識前輩吳介民，他是我的貴人，教我如何做設計。」沙沙所處的年代，剛好

資深設計師の一日工作時間表

7：36	家中	經過精密計算的起床時刻
8：06～9：00	通勤	梳洗完畢出門，充足的交通時間
9：00～9：30	辦公室	到公司，邊吃早餐邊看全公司工作單總表，排定幾個專案的工作順序
9：30～18：30	辦公室	色稿修改、完稿製作、草圖會議、客戶會議、至印刷廠看製作物打樣，若沒緊急情況通常六點至六點半之間下班。

＊12：00～13：30為午休時間
＊上下午沒有固定事項，皆可與同事、客戶相互調配，彈性安排
＊下班後不再想工作，盡量讓自己放空，有時靈感反而會來臨
＊平均半夜2點就寢

同事是最好的支援者，有緊急案子插入時，可互相協調幫忙。

將「工作」與「創作」分開看待，來回修改才不會積怨

歐普廣告設計／卓聖堂

是設計從手工製作跨入電腦繪圖的階段，退伍後二十二歲才開始學電腦，又遇到另一位吳老師不吝嗇教他電腦繪圖。沙沙從畫圓圈開始，一直練到後來可以在補習班授課，同時兼顧二專學業，幾年間教學相長，大幅提升技術。

這手扎實的功夫在後來創業時用到淋漓盡致。在創業時，他選擇投入設計後端執行、活動道具及大圖輸出這類很實作的方向，因此客戶通常已經有預設的想法及素材，包括標準字、顏色、怎麼排版，差不多都已擬定，工作上的要點在配合客戶時間，趕夜班、趕假日，在對方需要的時限內做出來。

「開業那五年，公司成員只有我跟另一個合夥人，互相支援大於互相約束，常常晚上朋友一約就跑出去玩，三更半夜了再回公司繼續做稿，隔天睡到客戶打電話來才起床，工作與生活混在一起。」雖然不懂公司經營，但憑藉兩人的技術實力及市場需求，這家小公司也撐過了五年；最後終於因為管理不善造成虧損，才將公司收掉。

取得和客戶溝通的密碼

手快卻改很多次，有意義嗎？

「公司收掉後我發現，自己的作品缺少設計概念。之前埋頭做稿，客戶給什麼元素就沿用，只懂重新排列組合，不懂前端的思考。」也因此，雖然執行速度快，但沒有一套道理讓客戶買單，就會被迫花很多時間配合客戶、反覆修改。

於是沙沙選擇回頭進學校再造，透過師大美術研究所藝術指導組系統化學習，獲得有別於技職體系的訓練，補足設計思考。兩年時間內，從了解企業現況、分析舊有問題、傾聽使用者需求，到有脈絡的創新，沙沙充分補充邏輯分析能力，加上過去已具備的技術底子，為他的不加班之路打下很好的基礎。

就在沙沙試圖轉型的過程中，認識了現在的貴人、歐普廣告設計的老闆，也是包裝設計界知名前輩王炳南，「以前總出現在書裡的名字，或別人口中的南哥，原來就是他！」因為這個機緣，沙沙兩年前進入歐普工作。

在草圖本上做設計思考

有圖有真相，用專業說服客戶

歐普專精於包裝設計及形象識別，一路協助客戶發想新品牌、催生新產品。上班的第一天，沙沙第一次使用草圖本，「以前是開電腦直接做，但在這裡養成畫草圖的好習慣，透過企劃人員帶回來的客戶需求，我們一起開草圖會議，除了標準字、色彩、圖樣設計，還包含包裝型式、材質選用、執行難易度等，都會先在草圖中畫出、標示出，再用電腦執行色稿。」

從第一頁草圖到現在畫滿兩大本，每一頁都是沙沙進步的痕跡。最早可能只是幾張漂亮的圖，現在卻能從設計思考出發，搭配實務經驗，在草圖旁明確標註設計理由。一路走下來，沙沙發現草圖與成品的距離落差越小，客戶越能接受。

沙沙執行過的設計案很多，從可口可樂「AQUARIUS 動元素」運動飲料、禮坊喜餅、白蘭氏禮盒，到廣達集團年曆，都是赫赫有名的公司。由於歐普在上海有分公司，有時也會由分公司接下設計案，隔海交到沙沙手上設計，「M'ADORE 瑪朵海鹽潔膚品牌就是一個案例，我們讓紙漿模外包裝在平凡中翻身，同時又

卓聖堂的工作時間分配表

創意發想	30%
設計執行	55%
與企劃溝通	10%
其他內外部溝通	5%

同事為廣達集團設計的 2012 年曆－百歲千秋．張大千與李秋君，打樣品（上圖）測試出厚紙凹折時表層會綳破，解決之道是輕割一條切線，實際成品（下圖）即可完美凹折。

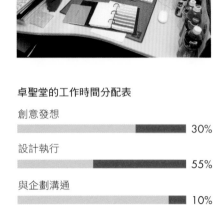

兼具環保感。」

「在加工費較便宜的中國執行人工撕邊手貼標籤，製作成本並不高，幸運的是客戶也接受這麼費勁的包裝。」沙沙說得很開心。

的確，若不是歐普以精準的策略贏得客戶極大信任，設計作品也不會被接受，因而從無到有得以兌現！擁有兩岸資源雖是歐普利基，肩負溝通使命的草圖本卻也功不可沒。

有一個開始是最重要的
因為想完美，反而拖沓延宕

通常，色稿經過客戶檢視、調整，到最後定下完稿，從一次OK到數十次修改都有可能，有時候客戶想法中途改變，或臨時需要製作協助，沙沙的省時建議是儘快下手，先有安全的雛型，再發展不同變體。

「譬如客戶希望圓盒上有玫瑰花，可以先用最基本的排版，將單色花環繞四周，中間放logo，擺好之後有個依據，才好進行調整，像是嘗試把花瓣變成漸層色，或用描線呈現；排版則可以參考過去案例，logo偏一點，或週圍花朵放大縮小，有了開頭就會邊做邊有想法出現，比起等待靈感降臨，什麼都不畫最後拖延時程來得好，準時交件也才對得起自己與客戶。」

設計師重視美感、追求創新，但這樣的法則不一定適用於商業機制，也不一定能滿足客戶的需求及消費者的喜好，「手邊的事情，我會保持70％明確，譬如可以很快回給客戶的小修改、有草圖和方向明確的設計製作、國際性飲料的包裝；另外30％則是工作上給自己的創造空間。因為軟體很熟練，我可以用比較少的時間畫好安全雛型，這時如果發現畫出來的色稿與草稿設想的感覺不同，就有時間多配幾種色、多試幾種排版，供客戶選擇，也展現專業。」

不要逼自己與眾不同
試著在工作中「人格分裂」

因為自己當過老闆，能體會老闆的立場，有時候並非公司不給予支持，而是關係到設計行業中重要的一環：「服務」。

個別喜好沒有優劣之分，協助

圖解！最厲害的時間運用技巧

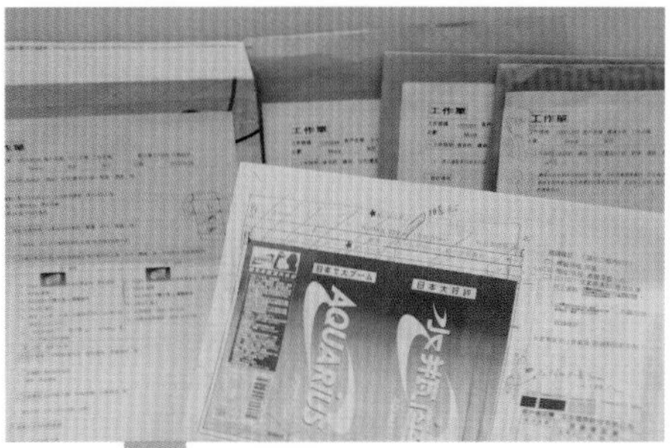

Tip1 用稿袋做專案管理

每個案子都有專屬紙袋，外頭貼著工作單，明確標示客戶需求及時程；所有相關資料及討論紀錄都收在袋內，做起事來簡單明瞭。

Tip2 草圖讓溝通到位

兩年多來畫滿兩本草圖本。畫草圖是最痛苦也最快樂的階段，有了草圖免去雞同鴨講，後面的溝通速度加快許多。

Tip3 參考工具就近定位

桌面上有設計師必備的PANTONE色票本，方便對色、配色；右側排滿飲料包裝，隨時比較參考。

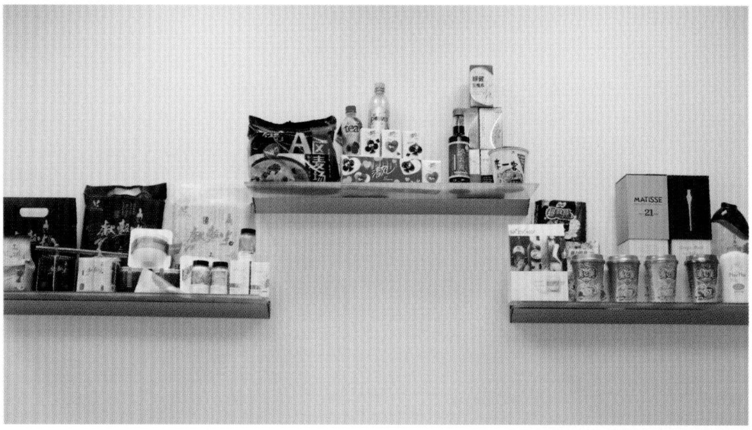

1. 辦公室多面牆上展示了歐普歷年設計作品，品項多元，包含：酒、泡麵、米、礦泉水、飲料、保養品等。
2. 設計兌現，M'ADORE 瑪朵包裝設計量產，上圖：橄欖死海鹽清透洗髮露、橄欖滋養亮澤護髮霜，下圖：足浴鹽系列。

客戶做出理想的包裝、增進產品銷售，是必然且重要的，看似平實的作品也有它的影響力，若要求自己每次設計都與眾不同又全盤被接受，不但是奢求也是自我折磨。

這不表示設計師要放棄愛創作的一面，沙沙就把「設計工作」與「個人創作」分得很明確，他開玩笑說這是讓自己「人格分裂」，如此一來稿子來回修改時，就不會心中積怨或產生負面情緒；等到下班後不受拘束，再創作任何想畫的、個人風格鮮明的作品。

每年一套幽默諷世的小卡就是他「做開心」的成果，送給親友、透過創作交朋友，從這裡獲得正向認同與肯定。

讓頭腦不僵化的祕訣

左手畫方右手畫圓，效率更好

公司裡每個案子都配有一個專屬紙袋，企劃人員先與客戶討論，在工作單上整理出詳細設計需求；設計師一定得先將這些註記植入腦中再進行草圖發想，方向才不會有所偏差。

從工作說明（公司介紹、產品介紹、緣由、目的、設計物使用者、通路…）、設計品項（型式、尺寸、數量）、必備元素及內容

中國品牌 M'ADORE 瑪朵的產品包裝草圖，圓罐為洗髮、護髮品，瓶裝為足浴鹽。

如果人生不斷追求「最完美」，便會永遠沉淪在追求當中。

（標準色、logo、內容物置入方式…）、設計風格（客戶希望營造的氛圍），到其他注意事項（結構便於堆疊、印刷特殊色、印刷條件），乃至最不能動搖的提案進度；有時候設計A案時覺得自己卡住了，沙沙就會先換做B案，做B案時，A案的點子可能就會浮現。想太多不如適度放鬆、巧妙切換，善用表單監督管理，才能有效溝通、增進效率。

另外，雖然沙沙下班後讓自己全然放空，但翻閱的書、市面上的新產品廣告，都能成為設計參考資料，「公司有豐富的參考書，大部分還是運用上班時間搜集資料，下班後則不用刻意為工作找靈感。剛好遇到了可以用，當然很好，但下班後真的就不要再想工作的事。」

這種態度並非沒有熱情，相反的，他常覺得自己輸別人很多而不斷學習，有時也會對設計產業現實面感到錯愕，卻始終沒有離開，不管如何都想做設計。

包裝與消費者第一線接觸，是商品的無聲銷售員，包裝材料日新月異，除了外層的設計，還需嚴格審核其可計量、可搬運、可定價等特性，才能順利將設計稿執行成實際商品。包裝設計的挑戰每天發生，在時間內達到基礎標準再求更好，不鑽牛角尖讓自己陷入負面情緒，加上體諒客戶的設計思考，就是讓沙沙有效管理時間，零加班的工作法！

透過草圖本釐清設計思考，讓沙沙的設計更快獲得客戶肯定。

菜鳥的錯誤處 VS 老鳥的效率技

菜鳥這樣做	老鳥怎麼做
想法創新但忽略現實面	工作時以服務客戶為準，自己的創作留到下班後揮灑
無法透過草圖清楚表達設計概念	用文字補充闡述，文圖相輔降低他人「會錯意」的機率
新案子插入既定行程表，時間大亂	能判斷自己的工作量，不行的話儘早找人支援
改稿改錯方向，做了白工	改稿指示寄來後，一定再電話溝通，確認後再往下修改
覺得作品不被接受，心生負面情緒影響效率	尊重商業考量，被接受的作品不一定最好，也非關個人美感優劣

卓聖堂「人格分裂」設計祕訣

- Tip1 在草圖旁以文字標註設計理由，圖文兼具拉近草稿與完稿的距離
- Tip2 不要等靈感降臨才動手，有基礎再接續發想，反而省時
- Tip3 不要逼自己與眾不同，工作上的作品以客戶滿意為準，自己的創作可留在私人時間表現

採訪撰文／林俞君　攝影／李國良

Q10 如何做好專案管理，讓各部門有志一同、達成目標？

解答前輩：林賢婷／夏深科技股份有限公司專案經理（37歲，遊戲業）

不加班事蹟

出社會十二年從不加班！從美國返台工作八年，在台灣遊戲產業日夜難分的情況下，仍能堅持原則，用盡方法在一定時間內完成工作。

工作成就

負責全球知名社群遊戲代理事宜，接觸區域廣泛，從亞洲市場的中國、香港、韓國、日本、菲律賓、印尼、越南、印度，遠至美國、德國等，都是她的守備範圍。

有著爽朗笑聲的林賢婷、Tammy，在網路與數位內容產業待超過十年。在手機還不能上網的年代，她便投入推廣圖鈴下載等個人化服務，後來一路參與線上遊戲從市場蓬勃到幾近飽和的產業發展流程。現在繼續走在趨勢尖端，從各國引進搭載於社群網站上的社交型遊戲。

Tammy所服務的夏深科技，專門代理社交型遊戲，隨著臉書等社群網站佔據每個人的生活，夏深科技抓緊商機，服務網路人口的生活樂趣。也許一般人想到上班玩遊戲，會覺得怎麼有這麼好康的事情！玩game的確是Tammy工作的一部分，然而太熱中玩遊戲反而不利工作效率。

位於新店的辦公室裡，Tammy每接觸一款遊戲，都必須判斷潮流走向、遊戲潛力，以決定要不要引進？還要熟悉遊戲功能、監看程式是否順利運行，在發生狀況時立即通報處理。總之，樂趣比想像少，壓力卻比想像大得多！

要有insider的眼光
只會玩遊戲是不行的呦～

當遊戲變成工作，要如何保持熱度，持續挖掘出好遊戲給消費者？

遊戲開發主管の一日工作時間表

7：00～7：15	家中	起床，快速準備出門 從汐止出發，搭大眾運輸前往新店上班
9：00	辦公室	九點前到公司，比其他同事早就位，心態上比較從容，也讓一天的開始不會匆匆忙忙
9：00～18：00	上班時間	．檢查即將上線的遊戲，各方面準備是否完備 ．設定遊戲連結臉書的付款帳號 ．金流串接（遊戲點數購買機制） ．代理遊戲翻譯發包、確認進度 ．開會 ．跨部門整合、交辦事務 ．制定公司內部工作流程（PowerPoint簡報製作內網架構文件） ＊各項事務交錯進行
18：00～18：30	辦公室	除非晚上或隔天有新遊戲要上線，才會留在公司監督，不然一定常常看手表，提醒自己要準時下班
18：30～21：30	下班	坐車回到家七點多，吃晚餐、陪一歲五個月的孩子到九點多睡覺
21：30～24：00	休閒	和先生看影集、小酌，凌晨1點前就寢

不知道的地方馬上問，縮短訊息傳遞時間

夏深科技／林賢婷

在潮流變動快速的時代，遊戲上市的第一週幾乎定了生死，為了應對高度市場變化及壓力，不加班真的做得完事情嗎？Tammy證明，在遊戲業裡不加班也行。

Tammy在國外待過很長一段時間，外語能力不在話下，目前負責台灣及海外的遊戲代理授權事宜。簡單來說就是中介的角色，將國外遊戲引進台灣，也將以中文開發的遊戲推向英語世界。說起來概念簡單，執行起來卻極度仰賴經驗與訣竅，流程與細節之繁瑣，沒有熱情很難長久。

「遊戲業PM很多都是從客服人員做起，因為接觸過第一線，才能了解消費者的需求。」Tammy提到工作上需要精準眼光，每一次下手都是不小的投資金額，需要工作者常接觸玩家，甚至自己就是玩家，才有機會發掘夠犀利、Power的新遊戲。

林賢婷的工作時間分配表

項目	比例
開發新產品	30%
已上市遊戲宣傳、維護	30%
準備新遊戲上市	40%

從工作中發現的事實

規模相近較可能成為合作夥伴

那麼，引進台灣的遊戲都是從哪裡找來的呢？舉凡鄰近的中、港、澳，乃至日、韓、歐美，Tammy通常會先從原廠官方網站觀察畫面風格，「台灣玩家有兩種偏好的類型，萌的、可愛的，或是寫實、打殺、不需要動太多腦筋的。」Tammy大方分享台灣玩家的喜好。

審視過畫風及定位後，當然也需要親身體驗一下、了解其玩法，這牽涉到遊戲若引進台灣，可以做哪些小幅修改以迎合消費者？「一定要增加獎勵，譬如升等的速度加快，或加強PK互動，才能讓台灣玩家愛玩。」這又是一個行業內才知曉的祕密。

但在上述修改前，最重要的當然是簽約。目前遊戲的簽約金從零元至百萬美金都有可能，大廠開的條件高，若引進後玩家沒進入遊戲、或在遊戲中消費的比例太低，能不能回收利潤就是個大問題！Tammy透漏，在選擇代理哪些遊戲時，「除了評估簽約條件，國外遊戲大廠談區域代理商時，常常優先選擇大廠。」

「夏深雖然做的不錯，但還沒有打開世界知名度，因此我不會浪費時間在接洽超級大廠上；已經知道不會收到回音的事情，就不要浪費時間去做。」認清自身角色、不好高騖遠，為當機立斷的Tammy省下寶貴時間。

可以宅，但不能悶

要會說話，把問題轉給對的人

像Tammy這樣的專案經理拿到遊戲代理權後，需要技術上的支援，從網路世界最基礎而重要的IT人員，到功能修改需仰賴的技術人員，以及牽涉玩家能否順利儲值、購買虛擬商品的金流串接工作；有這些專業部門才能支撐起一個遊戲，而這些都跟「人」相關。

除了功能層面，在遊戲上市前，專案經理要做的事還包含發翻譯、想行銷企劃、下媒體廣告等，若能導入其他公司聯合營運，增加曝光度，遊戲成功率也將提升。

「因為事情非常多，我只要有不知道的事一定馬上去問，大家座位就在附近，直接走過去講最快！」

Tammy總是在發出e-mail後，過一下子就去當面口頭溝通，她認為比起只發信或打電話，雙重確認下的效率反而更高。也許見面三分情，比起冷冰冰的文字，面對面溝通更直接而有感情，別人也比較容易將你的事排在優先處理的清單裡。

在專案進度控管上，Tammy也發展出自己的獨特風格。一樣是「想到就問」，也許一天中催了五次進度，但完全不會讓人反感、不舒服。

「PM要做的是跨部門整合，我進度抓得很緊，但是態度一定非常好，用輕鬆的方式詢問進度，譬如像朋友一樣說：嘿！那件事什麼時候要幫我弄一弄啊？」

懂得快速分工、找到對的人處理事情，在充足的信賴中使團隊發揮最大力量，這些都是Tammy十二年來能準時下班的超效工作原則。

成為快速流動的訊息中心
讓別人有充裕時間處理事情

並不是遊戲上市後，專案經理就卸下了責任。Tammy仍然得持續管理遊戲，除了技術上的維持及障礙排除，周邊策略也是決定遊戲成敗的關鍵。例如：電子報是否順利發行，達到持續宣傳的功效？內容能否擊中消費者心理，吸引更多玩家？客服人員是否訓練得宜，能分辨問題輕重，並妥善處理？

「因為隨時要溝通，所以我跑去問同事問題或是開會的時候，也會扛著筆電到處跑，」Tammy習慣隨時回覆msn、e-mail傳來的訊息，要請同事協助的事情，也會快手快腳轉介出去。縮短訊息傳遞時間，顯然加快了專案進度；早點將工作交付給同事，也讓對方有充裕的時間辦理，雙方都能好來好去、從容下班。

加快原廠回應速度
靠人「牽線」還是很有用的

社交型遊戲的現況是，上市一個禮拜大概就能看出成敗。成本回收的速度最快是一個月，慢一點則要到半年，「一開始沒起來，後面也不會再起來了！」

有時候剛好別家公司在同一個時間點推出類似遊戲，硬生生瓜分市場，這時候即使事前有萬全準備，業績也難回春。聲勢能不能起來無法強求，此時更需要放手，轉頭進行新遊戲開發。

每個專案經理手上同時都有幾個舊遊戲在進行，也有幾個新遊戲在接洽。Tammy曾想代理中國的一款遊戲，但洽談訊息發出後一直得不到原廠回應；排除公司規模差距過大的因素，她試著透過朋友提醒對方，「遊戲圈子不大，在裡面那麼久，很多人都認識，加上在中國做遊戲的團隊，不少都是從台灣過去的，所以就請朋友說一聲、牽個線，對方果然很快給了回應！」

一路訪問下來，Tammy除了自身專心度高、動作快的特質，其餘展現的皆是「善用資源」的概念，從公司內部至業界朋友，開朗的大姐性格將「人和」放在第一，然後善用每個人的專長及人脈，共同完成一件事，從頭到尾，一氣呵成。

圖解！最厲害的時間運用技巧

Tip1 即時處理各類訊息

Tammy隨時帶著筆電，開會中也能回覆通訊軟體、e-mail來訊，馬上解決或將問題轉出給專人處理。

Tip2 為團隊建立溝通管道

善用智慧型手機建立LINE聊天室，即時讓團隊夥伴互相交流進度、交辦事務，但有急事時還是以電話通知。

Tip3 管理必備雙螢幕

筆電旁另外外接一台大尺寸螢幕，方便監看遊戲運作狀況。

**PM 要做的是跨部門整合，
我進度抓得很緊，但是態度一定非常好，
用輕鬆的方式詢問進度，
譬如像朋友一樣說：
嘿！那件事什麼時候要幫我弄一弄啊？**

大聲說：不喜歡加班！

把準時下班當作一天最重要的任務

面對加班問題，除了方法、工具、團隊等因素之外，最重要的是核心思想。出社會以來，Tammy 就很清楚自己不喜歡加班，所以一天工作時間中，總不忘看看手錶，提醒自己時間快到了，任務要儘快完成。平常時候，她也總喜歡開著未完成事項的視窗，提醒自己哪些事今天要做完。不過除了特別緊急的任務，她基本上都是依照先來後到，按順序快速解決。

雖然性子很急，能一心多用，但 Tammy 不會在下班前才發工作給同事，「我很不喜歡看到別人加班，所以也會叫別人快下班。」「如果是下班前寄出的信，一定會跟對方說這件事不急，明天來再處理就好了。」在嚴以律己的情況下，除了新遊戲上市前一天，得在公司監看各方面準備是否到位，或者派去海外出差，監督當地新遊戲上市狀況，其他時候 Tammy 都能準時下班。

Tammy 的同事透露她喜歡在家小酌。下了班，經過一個多小時的車程回到家，吃個飯、照顧小孩，等小孩睡著後，便能享受夫妻兩人的幸福時光。偶爾邀朋友到家中小聚，生活過得多姿多采。看看 Tammy，即使身在多數人都加班的產業中，只要清楚自己的目標並竭盡所能去達成，就能創造時間充裕而豐富快活的下班生活，不是嗎？

菜鳥的錯誤處 VS 老鳥的效率技

菜鳥這樣做	老鳥怎麼做
太站在玩家角度做事，花太多時間處理部分玩家沒建設性的發言，譬如抱怨、謾罵	認清公司的目的是營利，只處理儲值等立即性、影響遊戲功能的問題，理性面對網路言論
把公司測試帳號拿來作為私人用途（自己玩、給朋友、與網友交易）	嚴格自律，查到即開除
不擅長跨部門溝通，言語中得罪同事，讓別人不願意幫忙	「人和」為重，以輕快的語氣請求協助配合，並真心看重夥伴

林賢婷「一發即中」專案處理祕訣

- Tip1 尋找相近規模的合作夥伴，提升代理洽談成功率
- Tip2 技術問題想到就問，將狀況轉給對的人處理，縮短事情停留在自己手上的時間
- Tip4 將「人和」放在第一，重視每個人的專長，妥善借助人脈牽線

上班族5分鐘營養管理

營養師推薦 健康好成份

文／健康優購網駐站營養師　李麗美

身為營養師，面對上班族常說要情緒管理、工作管理，其實營養也需管理！上班族常面對的問題就是熬夜加班、情緒管理、三餐在外和壓力，以及這些因素造成三高（高血糖、高血脂、高血壓）的威脅。每天只要花一些時間注意營養均衡，多運動或適時多補充營養成份，就能幫助您在工作、情緒、精力上，有更好的表現！

上班族營養管理表

適用的上班族群	推薦攝取成份	成份助益	攝取來源
適合周旋於血汗職場的族群	**維生素B群** 為維生素B1、B2、B6、B12、菸鹼酸、生物素、泛酸及葉酸	・協助細胞能量代謝 ・可平衡情緒，調節內分泌 ・維生素B6在身體扮演維護腦神經系統穩定的角色，缺乏時易有抑鬱感	全穀類、酵母、糙米、瘦肉等
適合天天被追KPI的族群，如：業務、白領工作者、創意工作人等	**維生素C** 壓力大或容易緊張的人，容易分泌大量腎上腺皮質激素，維生素C的消耗量也比較多，所以對維生素C的需求量也比較大	・具有抗氧化功效 ・可幫助缺鐵性貧血吸收鐵質 ・促進膠原蛋白的形成	芭樂、柑橘、奇異果等水果及菠菜、花椰菜等綠色蔬菜
適合應酬多的族群，如：業務、經理人等	**植化素（植物生化素）** 是植物含有的天然化學成分，常見的有茄紅素、花青素、兒茶素；生物類黃酮，例如大豆異黃酮等	・提供身體足夠的抗氧化元素以保護細胞 ・清除壓力產生的自由基及避免其對身體的傷害 ・防治心血管疾病	蕃茄、大蒜、柑橘、葡萄、花椰菜及豆製品等
適合面對人群的族群，如：社工、客服、業務、警察、老師、服務業	**堪稱「快樂製造機」的色胺酸、維生素B6、鈣、鎂、鋅**	・舒緩緊繃肌肉 ・鎮靜以減少急躁情緒，帶來愉悅感和幸福感 ・色胺酸在腦中可產生血清素，能改善睡眠	燕麥、奶類、香蕉及堅果類等
適合需強大體力、耐力的族群，如：運動選手、建築工人、司機大哥等	**紅景天**	・減少疲勞感、提振元氣 ・思緒清晰、提升注意力 ・活力補給、增強體能 ・增加耗氧量、提升肌耐力	可挑選合格具有認證標章之保健食品
適合三餐不定時、不定量的族群，如輪早晚班的工作者、業務等	**乳鐵蛋白鉻**	・若缺乏鉻，可能造成胰島素作用不良與糖尿病 ・乳鐵蛋白鉻釋放出的三價鉻離子，可放大骨骼肌肉中的胰島素訊號，使葡萄糖能較快從血液進入細胞，讓血糖下降	

建議您可將此表貼在您的辦公桌前面，天天提醒自己做營養管理喔！

少攝取升壓食物

- ✖含糖份高的食物，例如：精緻麵包、糕點、含糖飲料等。
- ✖油炸及油膩食物，例如：燒烤類食物、炸雞、炸薯條等。
- ✖醃漬及高鹽食物，例如：蜜餞、罐頭類食品、臘肉、香腸、火腿等。
- ✖含咖啡因食物，例如：咖啡、茶、可可、巧克力、可樂。

葉穎

吳東龍

跟打卡說 bye bye！
觀摩精采 SOHO 快活真本領

「我很珍惜現在的這些小幸福，因此就算工作有不開心的時候，抱怨也會變少。」葉穎如是說。
葉穎和吳東龍是近年來頗受注目的新生代 SOHO 代表。
以《設計私地圖》一書聞名的葉穎，生活裡一派悠閒景象：
10 點起床先逗逗貓、大白天逛菜市場、做自己愛吃的菜。
而第一次認識吳東龍的人，可能覺得他像八爪章魚一樣恐怖！
哪裡有人能像他這樣，幾年內涉略這麼多事呢？
開設計工作室、當作家出書、幫出版社選書、以講師身分上課，還夥同好友當起講座主辦人。
吳東龍得意地說，要做遍沒做過的事。
若你也嚮往這樣的生活，更該知道背後是什麼樣的工作習慣支持著他們？

SOHO
混搭人生

葉　穎

作家、服飾店老闆、人妻

不被打卡束縛，享用真自由

吳東龍

平面設計師、作家、講師、專欄作家、旅行者、地下連雲講座負責人

就算隨時移動中，還是要優雅工作

採訪撰文／方嵐萱　攝影／林冠良

葉穎／

作家、服飾店老闆、人妻

不被打卡束縛，才是真自由

早上不用趕打卡、享有較高的自主性，
大概是一般人對 SOHO 族的印象。
投入 SOHO 領域已有六、七年資歷的葉穎，
很感性地說：「想去市場買菜，馬上出發，
想睡午覺就去休息；對我來說，
當 SOHO 比較像是在過生活。」

Profile

2006 年葉穎以作家身份出版了《設計私地圖》，並以此作為契機離開任職許久的雜誌社，從此成為一名專職 SOHO。工作領域也由原本侷限於談設計、裝潢、空間等議題，擴充至幫雜誌代編刊物，撰寫廣告文案等等。

她還開了一家服飾店當起老闆娘；也曾在大學兼任講師，教授設計相關課程；在這些身分之外，還是一位人妻。

◆ 葉穎の自由人生百分比：

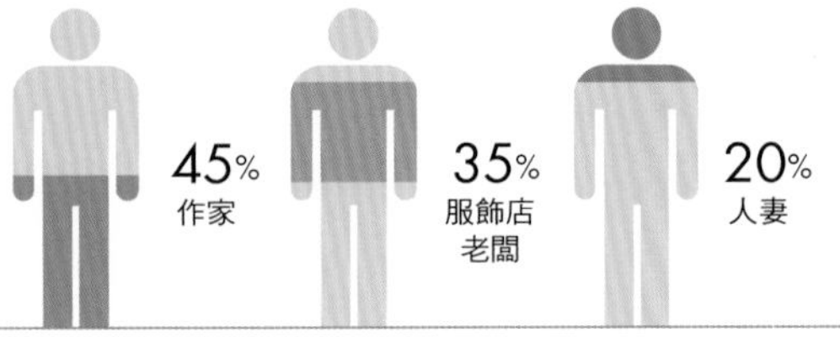

當上班族的時候想要休息一段時間，心裡頭總會充滿各式各樣的壓力。怕老闆不准假、怕假放太久工作不保或找不到代理人，各種莫名其妙的想法阻礙著「休息」這件事，忍不住便把自己逼得好緊，深怕失去任何升官發財的機會。

成為 SOHO 並開店當老闆後，「休息」對葉穎不再是奢侈的幸福，而是一種生活的常態。「稿子寫不下去就去洗澡，開店以後沒人來，就關門踩腳踏車到附近晃晃；工作一段時間想到就去旅行，愛去哪就

自由又紀律的一天／5 月 18 日天氣晴

At home 10：00～10：30	起床、邊吃飯邊陪貓咪玩耍。 Tip1 早點起床！
10：30～11：30	上網收信、查撰稿資料、查看國外流行資訊。處理訂貨、回覆信件。
11：30～12：30	出門逛市場買菜
12：30～13：30	做中餐、晚餐與貓咪吃的新鮮肉食。 Tip2 把能做的先做完，家庭煮婦的工作也不例外
13：30～14：30	吃完飯收拾要帶去店裡的東西，包含早上找到的撰稿資料、要給客人的產品，及下午要拍攝的商品。 前往店裡準備開門營業。
At Store 14：30～20：00	顧店空檔就寫稿或打電話邀約採訪；若有客人上門就招呼生意，或是處理一些瑣事。 Tip3 不要發呆等客人，把時間空出來做別的事情
20：00～20：30	關門回家。回家前先打電話給先生，麻煩先生幫忙熱菜，回家才有熱呼呼的晚餐吃！
At home 20：30-22：00	晚飯時跟老公抱怨今天遇到的鳥事、跟貓咪玩耍。 Tip4 保持心情愉快，才不枉費做 SOHO 得到的自由
20：00～20：30	店內的商品多跟法國廠商訂購，這個時間剛好是法國白天，需在此時處理訂貨事宜。 由於昨天訂完貨了，今天先來寫下週要完成的稿件吧！ Tip5 維持運用時間的彈性
20：00～20：30	睡前躺在床上看看電視、看看書，最後關燈前跟先生 say goodnight~

去哪。」對她來說這才是生活。

「之前曾有人問我要不要回去坐編輯台，開出的薪水也很不錯，可是後來我想了兩三下，還是拒絕了。」葉穎很喜歡現在擁有自由陪伴家人的時間，比如家裡有人生病住院，馬上就能過去陪伴對方，不用擔心老闆不准假。「這對我來說是賺多少錢都比不過的事！」

此外，白天去逛市場也是一件開心的事，「吃新鮮的東西對我而言很妙，會影響心情的愉悅度。」所以不上班之後，葉穎能在白天去逛逛市場，買些新鮮蔬果犒賞自己的腸胃，讓自己與先生都吃得開心。

「我很珍惜現在的這些小幸福，因此就算工作有不開心的時候，抱怨也會變少。」畢竟SOHO做得不開心，結局只有兩種，一是回頭當上班族，二是沒有收入。於是因為珍惜如村上春樹所言的小確幸（小確幸＝雖然小卻很確實的幸福），以及經常回頭檢視過去，讓葉穎對很多事情變得釋懷許多。

這也是成為SOHO後，能夠享有較大自由度、真實掌握時間以外的一個優點吧！

分段時間管理法 用最大的彈性和效率兌換money

自己管自己，休息不再是奢侈的幸福。

想當個「收入穩定」的SOHO，必須承擔的壓力絕對不亞於一般上班族，甚至還會更大，已經當了六、七年SOHO的葉穎說：「因為你得為自己背書，想要有穩定的工作來源與收入，責任感與自制力要很夠！」

畢竟，無法準時完成工作就無法有收入，也沒辦法拓展更多的工作機會。因此，建立一套適合自己的時間管理模式，是稱職SOHO與身兼數職者必須學會的首要技能。

為了扮演好不同的角色，葉穎給自己訂了一套「分段時間」管理法。

Tip1 早點起床！

「早上用來回信、寫稿；下午開店處理店內的工作；晚上九點以後回家陪老公。」看似簡單固定的作息，是她實際操作許久後得來的心得，其中堅持早起尤其重要。「就算是當SOHO，早上還是要早起，不要過日夜顛倒的生活！」大家都知道日常作息不良對身體有不好的影響，但葉穎堅持早起還有一個更重要的理由：SOHO的工作時間其實不比上班族短！

「雖然不用趕打卡，但必須處裡的工作項目卻比以前多，所以整體工作時間可能從原本的九點到下午六點，變成十一點到晚上十一點。」倘若每天都睡到中午才起床，又要處理那麼多工作，勢必得要熬夜；精神狀態不好的情況下，工作效率會更差，如此惡性循環，對自己一點好處都沒有。

成為SOHO以後才覺得當上班族也有好處，有固定的上下班時間，每個月有固定的薪水。而當SOHO只要有一點點偷懶，就會反應在收入上。再也沒有人保證你的收入，所有責任都要自己扛，懂得如何管理時間就變得很重要。

Tip2 把能做的先做完

好比雜誌稿大概都要求每月二十五日前截稿，必須在那個時間點之前完成相關的採訪、撰稿工作。但同一時間葉穎還有其他工作一起進行，因此她總習慣把「主控權在己」的事情先完成。

例如每接到一個新的雜誌企劃，她會先列出採訪名單，儘快聯繫確認採訪日期與時間，或蒐集新企劃所需研究的相關資料，總之就是積極去做自己能先做的事情，後面要是發生狀況也才有時間應變。

另外，雜誌稿也有所謂的大小月，好比二月通常因為適逢過年，稿子會比較少，那麼在之前就要多做一些，才能確保收入不至於銳減太多。不過也會有例外的情況，「今年二月對我來說就是特例，大大小小的稿子大概就接了快二十篇。」

對比過去上班時一個月寫十二篇稿已經是極限，當SOHO後，能夠承載的工作量比過去多得多，但前提是：「有時間，才有空賺錢！」先做好主控權在己的事情，時間控制自然得宜。

「好比臨時有出版社或編輯需要人幫忙趕一個案子，通常這種很趕的稿子難度都不高，但也要有時間才能做，要是沒有先把手上工作處理完，很可能就會錯過這個賺錢的機會。」

1　3　2

1. 研究所時期專攻「金工」的葉穎對珠寶、飾品設計頗有心得。
2. 店內商品全是葉穎自行代理進口且數量稀少，藉以提高商品價值。
3. 為了控制進貨成本，所有商品都只進一兩件，務求無庫存。

◆ 葉穎一週時間表／固定時間做固定工作，但維持工作內容的彈性！

	週一	週二	週三	週四	週五	週六	週日
09：00～12：00	回信、逛市場、寫稿	回信、逛市場、寫稿	回信、逛市場、寫稿	回信、逛市場、寫稿	回信、逛市場、寫稿	家庭日	家庭日
14：00～20：30	開店、處理店務、聯絡採訪對象	開店、處理店務、聯絡採訪對象	開店、處理店務、聯絡採訪對象	開店、處理店務、聯絡採訪對象	開店、處理店務、聯絡採訪對象	家庭日	家庭日
21：00～23：00	回家陪老公、寫稿	回家陪老公、寫稿	回家陪老公、寫稿	回家陪老公、寫稿	回家陪老公、寫稿	家庭日	家庭日

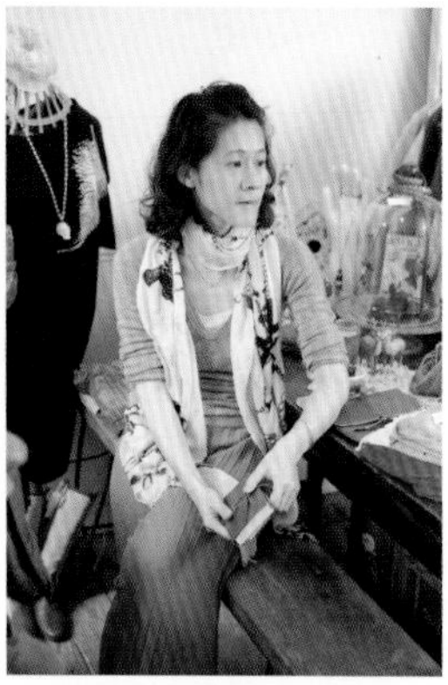

想要成為一個專職SOHO，「自制力」是維持工作良率的主要關鍵。而為了有效掌握所有工作進度，「能做的先做好」是葉穎的工作第一原則。

Tip3 一定能擠出多的時間

「我相信人的時間是可以被擠出來的，所以要是很缺錢的上班族，只要願意多花一點上班之外的時間，多接一些案子，收入一定可以更好。」這是葉穎在擔任SOHO之後的心得。

舉例來說，開店營業的時間內，不是隨時有客人上門，只要有空檔葉穎就會上網訂貨、替新商品拍攝promo照、整理貨品，或是上網查資料、整理撰稿資訊，或打電話聯繫受訪者。「你就是要自己找時間去做事情，否則一偷懶收入就會減少。」

這樣的心情也反應在經營店舖上，葉穎不將自己定位在「店舖老闆娘」的角色，反而是把自己當作一個專業的Buyer，「我跟別人不同的地方在於重視熟客，透過長期經營熟客，由他們去幫我宣傳店裡賣些什麼東西，對我來說更有意義。」

因此葉穎會花比較多的時間去研究品牌故事、產品設計理念，以及設計者的想法，並把這些資訊歸納、整理後，透過部落格或FB分享給客人，而這些都需要「擠出」時間去累積與經營。

Tip4 找到懶惰纏身的解藥

當SOHO最重要的條件就是要有「自制力」，但是人就會有罹患懶惰病的可能，對葉穎來說面對不同的「工作」，各自也有不同的「解藥」。以寫稿而言，前面的research與進入寫稿之間的節奏掌握很重要。特別是research的過程中會分心去逛網拍、與朋友MSN或上FB，最好的方法就是把需要的資料，從網站中copy出來貼在另一份word檔裡，好處在於不怕下次找不到那個網頁，也可以列印出來隨時隨地閱覽內容。

先行整理採訪聽打稿，也是沒有靈感時很好的調劑，更重要是透過整理聽打稿，還能發現受訪者的講話邏輯，以及抓出對方陳述的重點，當真正進入撰文階段時，便能快速的邏輯好整篇文章的架構。倘若真的沒有寫稿靈感，葉穎還有兩個法寶；一個是洗澡，另一個就是接受稿子呈現的狀態不如預期。

「真的寫不出來時，我會去洗個澡，有助於釐清思緒。倘若真的想不出好點子，那我還是會想辦法完稿，並接受它不夠完美的事實。」因為有完稿總比沒有交稿要來的好；切記「截稿前完成工作」，是稱職 SOHO 的必要條件。此外，消化案件的控制速度也很重要，「讓每件工作都能如期完成，其實也是重要的成就感來源。」

對開店的經營者而言，投入金錢與時間，是經營店舖最大的成本，不過其中還牽扯客戶經營與商品進貨管理等難以掌控的外在因素。「有時也會遇上一整天都沒客人上門的時候，心情也會很悶，有時我就會拉下鐵門出去晃晃，不把自己逼得太緊。」就算真的很想放假，或要出國旅行、採購，也會把握事先告知熟客的處理方式；因為兩天捕魚三天曬網是無法成功經營一家店舖的。

Tip5 保持心情愉快

擔任上班族，可以把自己的惰性怪罪給老闆脾氣不佳、公司制度不好、薪水太低，或是其他所有能夠被責難的事情上。但當自己成為 SOHO 之後，一切就只能怪自己。

不過讓自己保持愉快也很重要，「從上班族變成 SOHO 圖的就是開心，要是我把開店的業績看得很重，那我就跟櫃姐沒兩樣，做起來也會很痛苦，所以它們不應該是讓自己人生變薄與讓自己不開心的事情。」

對她而言，寫作與開店都是生活，也都是令自己感到愉快的事情，「即便我休了很多天假沒開店，客人們也不會怪我，因為他們認同我把開店當作厚實生活的一部分。」

Tip6 維持「彈性」很重要

除了分段時間管理，對葉穎來說維持「彈性」也很重要，「有些人很喜歡把自己逼得很緊，生怕錯過任何一個機會，所以就算沒有客人上門也不敢拉下鐵門離開。」

但對她來說與其等客人上門，倒不如拉下鐵門騎上腳踏車到附近晃晃，放鬆心情或尋找寫稿靈感要來得更實際。

此外，就算是「必須」陪伴家人的時間，若遇上趕稿、趕件，也得保持彈性，「好比關店回家以後，有時也會因為趕截稿或訂貨，而犧牲陪老公的時間。」

為了避免老公覺得自己被忽視，葉穎特地規劃客廳一個角落作為家裡的辦公區，當老公回家看書、休閒時，她也能在一旁寫稿陪伴。

這應該也是身為 SOHO 最迷人的地方，除了廠商定下的截稿日期以外，其他時間全都由自己安排。

每當遇上有人問葉穎要不要回去上班，最後她總會拒絕，「因為總覺得當 SOHO 的愉快，大過於被一個無形制度管著的感覺，雖然其中還是有些東西制約著自己，不可能完全自由，但至少是自己管理自己！」

因此，時間管理對葉穎而言，便是在「自在」與「自制」中，愉悅的運轉。

今年就從這些關鍵點開始努力吧！

- 找出自己的生理時鐘，盡力做到早睡早起。
- 善用「時段」時間管理法，養成固定工作習慣。
- 主控權在「己」的事情一定要先做。
- 搜尋網頁資料時，養成將參考資料備份到另一份 word 檔的習慣。
- 養成在截稿日前完稿的習慣，才能預留時間彈性。
- 竭盡全力做到守時、守信！

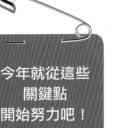

採訪撰文／方嵐萱　攝影／林冠良

吳東龍／

平面設計師、作家、講師、專欄作家、旅行者、地下連雲講座負責人

就算隨時移動還是要優雅工作

擁有多重身份的吳東龍在自己的一篇文章中寫到：「即使所處的位置不斷改變，工作還是不能也不會因此而被忽略或省略。」因此他習慣隨身攜帶筆電、智慧型手機，走到哪，將工作室移動到哪。就算這一刻人還在香港，下一刻將移動到台南。「過程看起來有點狼狽，還是要表現出優雅的姿態才行。」

Profile

曾在故宮上班四年，因厭倦打卡的日子，決定放棄穩定生活，創設「東喜設計」一頭栽進，一天 24 小時都不夠用的創業歷程中。但也因此有更多機會接觸不同領域，開發自己各種不同的能力。

《設計東京》是吳東龍創業後出版的第一本個人作品，嘗試以設計觀察者的角度，挖掘出旅行中的美好事物。如今已出版第三本作品！

◆ 吳東龍の自由人生百分比：

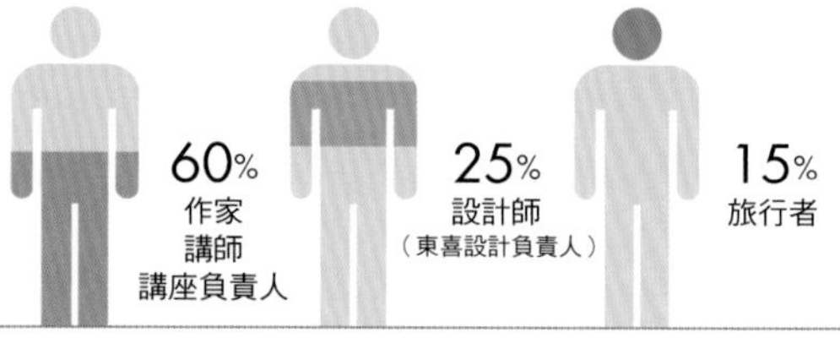

「我覺得自己沒辦法一直重複同樣的工作，這樣會讓我感到很不耐煩。」於是，不喜歡固定工作模式的吳東龍，在結束打卡生涯後，目前共有六種不同的身分讓他可以隨時「變身」；其中包含：平面設計師、專欄作家、講師、旅行者、書系作家，從去年開始他還有一個新身分——「地下連雲」講座負責人，「這些不同的身分，讓我有機會接觸到不同的人與新鮮的事物，那種感覺很過癮。」

因此，就算時間都已滿檔，但是

忙碌又充實的一天／ 5 月 29 日天氣晴

At home 10：00～13：00	盥洗、閱讀與唸書、回 email、收集寫作資料、擬定本日重要工作內容，和博物館開會。 Tip2 做好記錄分類，要用的時候馬上找到！
13：00～14：00	在途中的餐廳用餐、會議前準備，收信
14：00～15：30	和出版社開會。 Tip6 培養接案敏感度
At Store 16：00～17：00	回公司分別與東喜設計、地下連雲的同事討論工作，聯絡相關廠商。 Tip4 用網路月曆管理自己和夥伴的時間
17：00～18：00	進行書籍封面設計。
18：00～19：30	回信。用餐。準備晚上的講座主持活動。
19：30～21：30	講座活動，活動結束。
22：00～24：00	發佈《吳東龍的設計東京》臉書及微博訊息或 Flickr 照片整理。 Tip1 重複、瑣碎的事，做一次就好
At home 24：00～睡覺前	用 iPad 上網瀏覽與準備寫稿，規劃講座活動與商品設計，回信，工作 review 檢討，每日日文練習。 返家看電視（看康熙來了或是 Life Inspired 頻道，或是新聞但不超過 10 分鐘）。 Tip5 「頻率」規律比「時間」規律更重要

遇上感覺有趣的工作邀約，他仍舊無法開口去拒絕，「正因為一天只有二十四小時，漸漸的你就學會怎樣去分配時間，排除一些投資效益相較下不高的事情；這樣一整天工作下來就會覺得很充實。」他也因為學會挪移時間的方法，有更多的機會接觸不同的領域。

「我每年都給自己規劃新目標，例如某一年決定成立公司、招募員工、出版自己的書系、規劃系列講座等等。」對他而言現階段如此「精實」的生活，是離開制式工作型態後最棒的回饋。

但隨時處在身分轉換的過程中難道不會感到疲乏嗎？我這樣問他。「會，但要想辦法延續熱情！」好比出國工作通常時間都很密集、行程很滿，那就在中間穿插好吃的餐廳、住很棒的旅館，「那就像偷空吃甜點的感覺一樣，心情會變得很好，之後繼續工作也會更有動力。」

利用雲端科技
讓工作更有效率

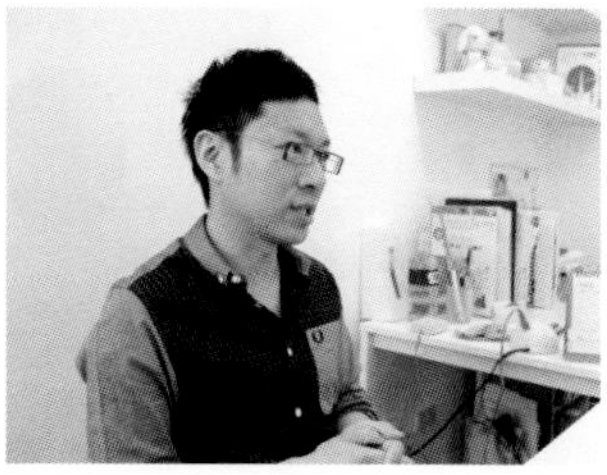

拋開打卡的日子，如今擁有多重身分才是充實的生活。

對於一個擁有六項身分的超忙設計工作者而言，對於 3C 的依賴可以想見，只不過當問及 3C 對他的重要性時，吳東龍卻用了「非常、非常、非常、非常重要」，比最高級還要更強烈的「非常 ×4」，來表達 3C 產品滲透他的生活的程度。好比吳東龍經常在各處移動或短暫逗留，有時很可能早上在香港，下午就必須趕到台南縣某間大學演講，「像是這種長距離的移動，就會很需要 3C 產品與雲端軟體協助計算，才不至於遲到。」

重要的是移動過程中，還可利用筆電工作，例如收發 e-mail 對他來說就是一件相當重要的事情，除了能與客戶、員工隨時保持聯繫，有時出國遇上截稿期，也能依靠網路傳送文件與圖片。

Tip1 重複、瑣碎的事，做一次就好

3C 產品與雲端科技，已經成為吳東龍的日常生活一部分，而且是「非常 ×4」的那種自然與舒適感。尤其網路上有很多免費軟體，只要懂得如何使用，便能替生活與工作增加許多便利性。

以 Flicker 為例，在那裡他收集不同時期的工作成品，並且詳細記錄每一件成品所使用的素材與規格，「每次只要遇到新客戶想看作品，我就會把連結丟給對方。」除了能讓新客戶了解自己的設計風格，還可以作為工作時的參考資料。

「有時遇上同事詢問某些素材或規格的時候，我就會跟他們說去打開 Flicker 的某個作品集，就能找到資料，這樣一來可以省去溝通與尋找的時間。」

此外，凡是上傳至 Flicker 的照片，吳東龍一律會用 PhotoShop 先修過圖，確保每一張圖上傳後都能即刻被使用，「為了提高演講準備 Powerpoint 的速度，會先把演講會用到的照片上傳至 Flicker，這樣不管我人在哪裡，隨時都能抓圖做檔。」

我很討厭做重複的工作，也很不喜歡事情沒有組織，因為這

1

2

1. 妥善運用雲端科技，除方便廠商參考個人作品，亦便於資料搜尋。

2. 所有工作一律做好備份與檔案管理，將可提高未來的工作效率。

樣的個性，就經常在想，要怎樣才可以讓同樣的工作一次就做好？」例如經常遇到不同單位要求提供個人簡歷，吳東龍在電腦裡便製作一個簡歷資料夾，分別有五〇～五〇〇不同字數的簡歷內容因應不同需要。「對我來說把瑣碎的事情一次處理好，這件事很重要！」

Tip2 做好記錄分類，要用的時候馬上找到！

此外，吳東龍還很專注於「分類標籤」的製作，為了使 Flicker 成為工作好幫手，並將分類管理最佳化，目前一共製作了二十一個大資料夾，底下又依據不同的需求，規劃不同的分類項目。

好比在 BOOK 資料夾中就收錄過去所有設計作品，並在每一件作品下方標註設計商品的各種素材資料，「只要做好標籤管理，當有需要時就能很快的找到需要的資料。」

由於工作需求，他也經常需要使用網路查詢功能，以便尋找所需資訊。

Facebook、微博與 Blog 則是擔負起「記錄」的功能。「每當我從一本書、一部電影或某個節目看到一句很棒的話時，就會把它記錄在這些地方。因為只要一上網，很快就能找到。」

Tip3 隨時備份，無法上網時的 Plan B

對於經常移動的他來說，就算出國旅遊把工作帶著一起旅行，也是很常見的狀況，「有次要到泰國旅行，出發之前一個朋友問我工作完成沒，很自然的就跟對方說：還沒。他很驚訝的說：那怎麼辦？我回答：電腦帶去就好啦！」所以不管走到哪裡吳東龍總是隨身攜帶筆電、智慧型手機，但最重要的是一定要確保去的地方有「網路」，「因為沒有網路，『雲』再多，連不上都是惘然。」

「網速」不夠快，則是另一個令他感到痛苦的地方。「我很怕遇上網路很慢的情況，因為檔案

創立「地下連雲」，使吳東龍有機會接觸更多不同的人、事、物，但也讓他可以運用的時間變得更瑣碎。

上傳速度很慢就要等很久，可怕的是有時上傳到一半斷線，那真的會有痛不欲生的感覺。」這也是為何吳東龍會強調備份與隨身攜帶硬碟的重要性，如果真的遇上無法連線上網時，也能從備份隨身硬碟找到需要的資料。

Tip4 用網路月曆管理自己和夥伴的時間

「網路月曆」則是吳東龍管理工作與行程的重要工具，由於網路月曆有共享的功能，只要加入群組就能編輯與檢視月曆內容，因此就算人在國外，也能依靠月曆了解目前同事的工作狀況，藉以管理工作進度，也可記錄自己的工作日程，確實掌握時間。

智慧型手機對他而言則是另一項不可缺乏的生活工具。「因為我的工作很多元、也很雜，經常移動。所以智慧型手機對我來說很重要，就算沒電腦也能用手機連上網路月曆，馬上就能知道所有的工作安排。

日曆式的行程表有助於掌握整個月的工作，確認行程安排是否妥當，避免不同工作產生時間衝突。

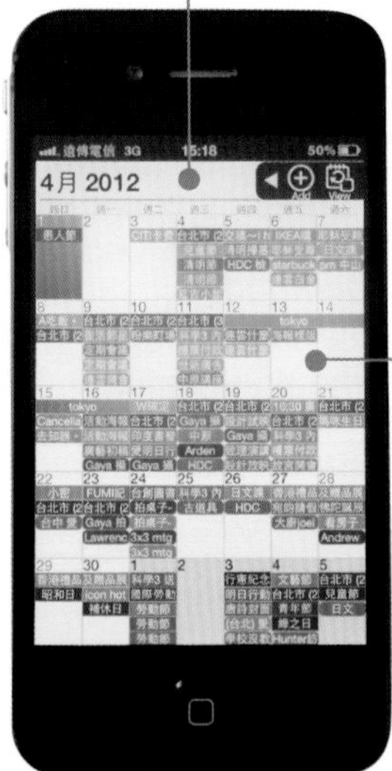

為能一目了然所有工作內容，但又保有隱私，撰寫行程表只寫「重點」藉以提醒即可。

因為所有的日程都是利用雲端記載，所以可以隨時掌握。

Tip5 「頻率」規律比「時間」規律更重要

吳東龍最近剛閱讀了佐藤可士和的書，分享佐藤在書中的一些想法，其中提及工作與生活沒有必要分得很明確。例如旅行中完全不想到工作，根本不可能；特別是對一個從事設計的人而言，每天日常生活中發生的事都是創作的養分。

不過，這不代表從事設計就是一件隨心所欲的工作，「它是有對象、有目標的執行，而滿足客戶的需求，最需要的就是紀律，這樣才能維持品質。」

但紀律並不是指「時間」的規律，而是指「頻率」的規律性。吳東龍擁有多重身分，要每天在同樣的時間做一樣的事情，根本是緣木求魚，因此他找出一套符合自己的工作「頻率」。

好比他正在學習日文，但並不規定自習的時間，而是要求每個星期要達到幾次或幾小時，「保持彈性這件事情對我來說很重要，這樣才有時間可以反應各種突發狀態。」

訂定完成目標日期對他而言也很重要，能避免陷入「無限延宕」的恐怖陷阱之中，過去就曾經有客戶沒有要求完工時間，以至於完成期限不斷往後推遲，「我是那種喜歡求好的人，但有時這會變成拖延的藉口。」對他而言，這也是現階段正在努力改進的方向。

Tip6 培養接案敏感度

吳東龍曾閱讀《牧羊少年奇幻之旅》，該書讓他認為預兆其實無所不在，只要平時積極培養敏感度，就能避開很多不好的事情。特別是在接案之前與廠商接觸的過程中，更是需要敏銳的感受力，才能避免接到浪費時間、浪費生命的工作。

「聶永真曾經跟我說過，其實一開始在跟對方接觸時，就知道這個案子容不容易執行。」好比交談過程中發現對方要求的工作流程與自己不同，或是對於設計走向有很大的歧見。「從工作態度也能知道，好比對答不專業，那麼就要小心後續執行上會有問題。」

但吳東龍也說，有時接案子不是因為錢，而是因為不甘心或賭一口氣而硬接的情況，「明明已經做了成本分析知道這個案子不能接，甚至還用塔羅算了一下，跟分析結果一樣，但還是硬做，最後以悲劇收場。」

因此，吳東龍現在努力避免義氣用事的情況發生，甚至還會在接案之前先跟案主說明清楚自己的工作流程與習慣，對方若能接受才接，以防萬一。

Tip7 情緒好、工作更順心

「以前接到的工作讓我太痛苦、太無奈的，很可能會把事情搞砸，做不下去。」譬如跟一個不太專業的對象合作，過程花了很多時間修改，而這些時間可能在處理一些沒有必要的「流程」，情緒自然也會起波瀾，工作起來也就無法全力以赴。

「遇上這種狀況，就會影響自己與員工的情緒，我覺得那太可怕了！尤其當開了公司、有了員工以後，就會知道與其浪費時間與這種對象合作，不如挪去找其他也許錢少一點，但是工作起來卻較自在與輕鬆的合作對象。」

然而，為了維持公司營運順暢，多少還是會接一些不那麼喜歡的工作，「所以，我現在體悟到，遇上不喜歡的工作很正常，做到喜歡的事情則是幸運的。但是不能讓你不喜歡的成分，大過喜歡的部分太多，否則無法支撐你做下去。」

無法繼續，那麼先前投入的時間與成本也因此白費，還有可能會破壞自己與公司的商譽，甚至失去潛在的工作機會，或因情緒不佳而無法正常工作，排擠其他正在進行中的案件，都是得不償失的後果。因此學習如何處理這樣的狀況，與面對這種壓力，也是很重要的。

倘若，真的接到一個不好的案子，也要儘量嘗試不同的創作的可能性，當然也要試著從中找到值得學習的地方，「不然的話，就真的浪費了這個機會。」更好的做法則是努力提昇自己的工作才能，以後才有條件選擇工作；而不是等著工作來挑你。

今年就從這些關鍵點開始努力吧！

- 善用 3C 產品管理工作與時間。
- 學習「分類標籤」製作，強化索引功能，減少時間浪費。
- 設計一套適合自己的工作流程，同樣的事情不做兩次以上。
- 習慣備份檔案與攜帶隨身硬碟，以備不時之需。
- 訂定「頻率」的規律性，更勝遵守「時間」的規律性。
- 設計靈感來自生活經驗，但切記設計需要紀律。

4步驟時間管理教學

完全掌控工作流程

Know-how

4 步驟時間管理教學

1 老是拖到最後一刻才完成或發現來不及！
規劃進度，「目標管理」改掉拖延壞毛病

2 要做的事情好多好繁雜！
「模組化」時間和對策，不讓重複做的事情拖慢進度

3 做得很辛苦老闆總是不滿意！
讀懂老闆的心，「往上管理」就不會苦勞大過功勞

4 變成收拾屬下爛攤的部門總助理！
懂得放手，磨練「往下授權」的技術

撰文／邱和珍

領藥號：V-0145　　**藥袋數**：5

姓名：艾托／男 ／ 28 歲　　**病歷號**：55555885

診斷醫生：

皮爾斯 ・ 史迪爾博士（Dr. Piers Steel）、珍 ・ 博克（Jane B. Burka）和萊諾拉 ・ 袁（Lenora M. Yuen）

藥名：

規劃進度，目標管理改掉拖延壞毛病

臨床用途：

老是拖到最後一刻才完成或發現來不及！

輔助處方：《其實你離成功只差 1%》

從「知易行難」到「知難行易」，攻克成功最後一哩路！

教育訓練專家卓天仁十年來花了一、兩百萬上遍各大國際名師的課程，學習潛能開發、財商知識與各種自我提昇的方法。他發現「了解自己的底線」遠勝過「挑戰自己的極限」，並分享設定年度目標及提高達成率的方法。

作者：卓天仁
出版社：寶鼎出版

或許你經常說到類似這樣的話：「等一下再處理！」這種話表明，你已經陷入了一種生活的惰性，認為暫時不採取行動，問題會自行消失，Big Idea會靈光乍現。不幸的是，問題從不會自然消失，因為如果沒有外界因素的推動，事情本身（環境、情況、事件以及人）是不會有所好轉的。

不是時間管理的問題，更不是品格缺失

為什麼人們老是愛拖延？是與生俱來的壞習慣，還是身不由己？珍・博克（Jane B. Burka）和萊諾拉・袁（Lenora M. Yuen）是美國舊金山灣區執業的心理醫生，也是首開在加州大學柏克萊分校設立拖延團體治療課程的專家。他們一致認為，愛拖延的人，有時候是因為害怕成功，害怕被人看穿的煙幕彈，或是變成了刻意反抗權威的一種手段，而且常常是完美主義者的藉口。

談到拖延，曾任教於美國明尼蘇達大學的皮爾斯・史迪爾博士（Dr. Piers Steel），在他的研究結果中指出，拖延幾乎是每個人都有的問題，有95%的人承認自己愛拖延，而其中有四分之一的人表示自己長期處在拖延的狀態下。他強調，雖然建構不拖延方程式，可以讓人們享受美好的人生，但前提是必須找出最令人困擾的拖延問題，如此才能對症下藥，讓夢想實現。

那麼，你知道自己受到哪些問題困擾，以致於裹足不前而付出更高的代價嗎？

不只是工作受影響，身材、感情皆如是

根據史迪爾博士所主導的一份四千人的問卷調查發現，最令人困擾的拖延排行榜，莫過於和事業有關的問題，例如希望找到更好的工作、要求老闆加薪、改善工作績效等。倘若你已開始對鏡中的自己瞻前顧

後，那表示你應該考慮節食和多做運動來維持理想的體重，而這類和健康有關的議題，也是讓人們困擾的因素之一。

其他像是改善財務狀況、準備升學考試、學習第二專長、向某人表白感情等，諸多議題都足以讓人們舉棋不定，傷透腦筋。中國人常說：「坐而言不如起而行。」其實，如果能夠改掉拖延的壞毛病，趕緊動手完成該做的這些事，生活會有多精采？

那麼如何甩掉「拖延」這個不離不棄的麻煩精呢？下面是專為愛拖延的人所開出的一系列處方，供你選用。只要將這些處方搭配目標管理，相信會給你帶來奇妙的結果！

處方1：提升「期望」

當你碰到問題，特別是難以解決的問題，導致你不由自主先去做其他事情，拖延面對失敗，這裡有一個放諸四海皆準、適合所有人採用的對應原則：永遠不放棄！拖延處理，只是另一種形式的「放棄」，必然導致徹底的失敗。而且不只是手頭上的問題沒解決，最後還會致使人格失敗，因為不斷放棄而形成「I am a loser」的心理。

此路不通請繞道！如果你原先使用的方法不能奏效，那就改用另一種方法來解決問題。鞭策自己持續下去，用心去尋找，你一定可以找到那把解決問題的鑰匙。

拖延幾乎是每個人都有的問題，有 95% 的人承認自己愛拖延，而其中有四分之一的人表示自己長期處在拖延的狀態下。

處方2：創造「價值」

在行動之前，最好為自己製作一個日程表。但你必須了解，你的日程表上所記載的事情並非同等重要，不應該對它們一視同仁。換句話說，你應當按「先重後輕、先急後緩」的原則處理。

舉例來說，當你把下午要完成行銷企劃案的寶貴時間，用來打電話確認活動場地、Show Girl的配合時間或摸彩贈品，這些不全然是浪費時間，因為在逃避重要任務時，至少還處理了同樣該做的次要任務，而不是上MSN聊八卦或是揪團網購。

處方3：減少「衝動」

如果你是一位經常坐辦公室的人，那麼你一天的大部分工作可能都是集中在某一段時間做好；但如果你只是把這段特別精力充沛的時間，花在例行事務上，例如閱讀電子郵件（其中很少包含最優先的事項）、刊物、報紙，或打幾通例行的電話，可以想見真是一種浪費。根據史迪爾博士的調查研究，當一個人不去理會新郵件送達的通知，就能使效率提升10％。

因為每當你打斷進行中的工作去查看郵件，就得多花一點時間才能重新啟動你的思維機器。所以，如果你能夠在早上頭兩個小時全神貫注去處理事情，遠比花2個小時卻被打斷10分鐘或15分鐘的效率還高。

處方4：建立「榜樣資料庫」

為實現目標只有一個方法的人，必定容易陷入困境，因為遇到困難時別無選擇，只能沿用舊方法，結果越做越失敗。有兩個方法的人也容易陷入困境，因為此人給自己製造了左右兩難、進退維谷的局面。不過，有第三個方法的人，通常都能找出第四、第五個，甚至更多的方法。

只要把長距離分解成若干個距離段，逐一跨越它，就會輕鬆許多，而不會被前面那一段遙遠的路程給嚇倒了。

有選擇就有能力，你可以為自己建立一個「榜樣資料庫」，並且牢記這些榜樣所提供的寶貴經驗。或許他們的夢想和你自己的夢想極其相似，也許他們遇到的問題，也是你最恐懼和擔心出現的問題。

接下來，儘可能學習他們是如何在艱難險阻中實現夢想。如果空間允許的話，不妨把這些人的照片，張貼在你經常沉思反省的地方。

處方5：盯住「目標」

當事情變得很棘手的時候，應專注於尋求解決的辦法，也就是面對「所要的結果」，而千萬別把大部分的精力放在你所害怕的方向上。事實上，許多人做事會半途而廢，並不是因為困難太大，而是人們都抱著「一炮而紅」的心態，以致於恐懼失敗，非得拖到最後一刻才完成。惡性循環的結果，距離目標就越來越遠了。

其實，只要把長距離分解成若干個短距離，逐一跨越它，就會輕鬆許多，而不會被前面那一段遙遠的路程給嚇倒了。而且將目標具體化以後，可以讓你清楚每天該做什麼，怎樣能做得更好。

總而言之，為了改掉拖延的壞習慣，激發自己潛力，你必須設立明確目標、具體實行計劃和期限，才能有強大的推動力，鞭策自己去完成它。

圖解！ 5個處方，改善拖延壞毛病

1 提升「期望」
此路不通請繞道！如果你原先使用的方法不能奏效，那就改用另一種方法來解決問題。
→ 相信自己能找到辦法

2 創造「價值」
若沒有辦法專注處理最重要的工作，至少試著去做次等重要的事情，而不要被FB、揪團、下午茶等事情轉移注意力。
→ 讓拖延也能帶來生產力

3 減少「衝動」
根據史迪爾博士的調查研究，當一個人不去理會新郵件送達的通知，就能使效率提升10%。
→ 試著眼不見為淨

4 建立「榜樣資料庫」
你可以為自己建立一個「榜樣資料庫」，並且牢記這些榜樣所提供的寶貴經驗。
→ 借鏡他山之石

5 盯住「目標」
只有設立明確的目標、具體的實行計劃和期限，才能有強大的推動力，鞭策自己去完成它。
→ 設定每天都是期限

領藥號：V-0146　　藥袋數：2

姓名：泰忙／女／30歲　　病歷號：55555886

診斷醫生：
彼得・杜拉克（Peter Drucker）、信太明（Shida Akira）

藥名：

模組化時間和對策，不讓重複做的事情拖慢進度

臨床用途：

要做的事情好多好繁雜！

輔助處方：《模式化工作術》

工作不是意志力大考驗

所謂「模式化工作術」，就是將工作的步驟加以分析、整理，製作成任何人都可以隨時用高效率完成工作的步驟說明、檢查表或是工作指南，藉此提高整體的工作成果。

作者：信太明著，王蘊潔譯
出版社：天下文化

管理學大師彼得・杜拉克（Peter Drucker）在《有效的主管》（The Effective Executive）一書中，特別提到「effective」和「executive」這兩個重要的關鍵字。根據他的觀察，擁有高學歷、知識淵博的主管，幾乎可以塞爆整條華爾街，但真正具備高效率的主管卻寥寥無幾。換句話說，聰明才智與做事成效，並非絕對扯得上關係。

以正確的方法，做出正確的事

「executive」這個英文單字，當名詞使用時，中文通常翻譯為「主管」、「管理者」、「經營者」；如果當動詞使用時，只要去掉「ive」再加上「e」，就可以將「execute」翻譯為「執行」、「完成」、「實行」。

為什麼一個英文單字去掉尾巴幾個字母，再添加幾個字母上去，就可以創造出一個新的單字？其實英文單字和中文單字都有規則可循。

當你把英文單字歸納整合成字首、字根和字尾來學習時，即使遇到不懂的字彙，照樣能從段落、文法結構、前後句連貫性，猜出它的字義解釋，這就是杜拉克常說的，「以正確的方法，做出正確的事」。當你建立起一套處理事情的流程以後，就能夠在有限的時間與資源內，學習難懂的技術，執行複雜的事務。

更重要的是，找出有意義的目標

然而，一個常在各種考試拿到英文滿分的人，如果無法將平時背誦的單字加以活用，一定不能接待以英文為母語的外國客戶。

大多數老闆要的是，能夠以流利英文和外國客戶打交道的人才，而不是把一本字典背下來，卻連最基本的會話都不會講的員工。這意味著，人們除

了要以正確的方法，做出正確的事情外，還要在行動以前，選擇做對的事，才不會變成花75％的時間，只做了25％的工作。運氣不好的話，還有可能落得「做到流汗被嫌到流涎」的下場。

有沒有可能用25％時間，做75％工作？

如果一個計劃到了下班還沒寫完，這時候也許你寧願邊喝飲料邊瀏覽電子郵件，也不願意利用下班前的那十五分鐘將工作趕完；或者你不願意匆忙行事，將自己置於壓力之下；或者不願意將工作硬塞給別人，工作績效自然不佳。

倘若你的習慣是，不管出現什麼困難，都要在規定的時間內完成任務，這樣也不好。因為困難會造成壓力，還可能導致精神錯亂、胃潰瘍或心臟病突發。既然延長工作時間只會耽擱必須做的事，這顯然也不是一個好辦法。你所做的事情決定你的效率，而時間需要被管理，它是比世界上任何資源都更珍稀的東西，因為一旦逝去，你就再也找不回來了。

處方1：建立標準作業流程

信太明（Shida Akira）是日本AUN顧問株式會社董事長，向來對於推廣搜尋引擎最佳化（SEO）和搜尋連動型廣告（P4P）的有效性，不遺餘力。他對於時間管理的看法是，用蠻力不如使用巧勁。

為一些重覆或類似的工作找到一個固定的模式，只要遇到相同的情境，就加以套用（例如：用字首、字根、字尾來背英文單字），如此就能大幅提高工作效率。進而，你可以將省下來的時間拿來完成「特別重要的工作」，例如做行銷預算計劃和考慮革新專案等等。

他強調，將75％的例行公事固定模式以後，就可以花費更多精力處理「特別重要的活動」，例如那些能夠增加生產力、帶來更多利潤及獲得重要成果，使你向個人和公司目標邁進的活動。

處方2：將次要工作交給別人

就像有系統地背誦英文單字，信太明進一步指出，工作一旦模式化以後，即使忘記也沒有關係，因為記憶已經以模式的方式保存下來，隨時可以再度使用。這就好像用電話拜訪老朋友一樣，由於熟悉彼此的聲音，根本用不著作自我介紹，就知道對方是誰了。

信太明建議，一旦將工作know-how歸納整合成「作業模式」和「標準」後，就可以將那些次要的工作交給別人（例如下屬）去做。

將重覆的工作模式化以後，不僅可以為自己騰出75％時間，去專注在25％的高附加價值業務上，還可以建立有效的人際關係以及促進家庭和諧，堪稱是最有效的時間管理方法。

圖解！ 2個動作，大幅提高工作效率

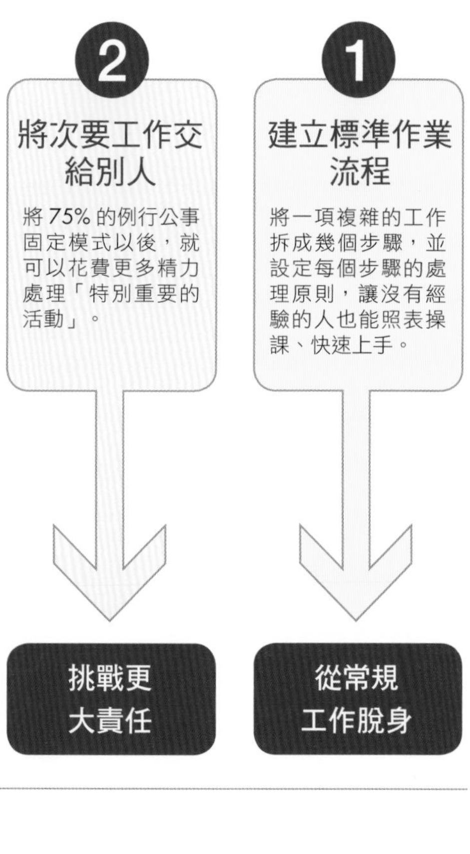
1
建立標準作業流程
將一項複雜的工作拆成幾個步驟，並設定每個步驟的處理原則，讓沒有經驗的人也能照表操課、快速上手。
從常規工作脫身
2
將次要工作交給別人
將75%的例行公事固定模式以後，就可以花費更多精力處理「特別重要的活動」。
挑戰更大責任

領藥號：V-0147　　藥袋數：4

姓名：編元仁／男／37 歲　　病歷號：55555887

診斷醫生：
彼得・杜拉克（Peter・Drucker）、科特（John Kotter）和賈巴洛（John Gabarro）、本間正人

藥名：

讀懂老闆的心，往上管理就不會苦勞大過功勞

臨床用途：

做得很辛苦老闆總是不滿意！

輔助處方：《讓上司聽話》

五種叫人「傷透腦筋」的上司類型，一一對應收拾！

在職場上形形色色的主管都有。為什麼總是這麼難纏？而且只會動一張嘴發號施令！完成對方交代的事情，又處處不滿意，意見一大堆！所以我們要學著讓上司「聽話」！顧名思義就是讓上司聽到自己的意見，甚至可以讓上司認同、聽懂自己說的話。

作者：本間正人著，陳曉菁譯
出版社：寶鼎出版

或許在你的身邊就曾發生過類似的情形。「你另請高明吧！老娘不幹了！」一位同事因為老闆不准她連休三天假，把老闆辦公室門碰一聲狠狠關上，丟了假單就氣沖沖提包走出去。一屋子人全抽了口涼氣，轉頭盯著老闆辦公室。隔了五分鐘，人資部門接到老闆指令，立刻往人力銀行刊登徵人消息。

受到歐債危機和產業結構失衡等諸多不利因素影響，台灣的上班族正面臨嚴苛考驗：想像你是一個大牌演員，可以今天不高興，把劇本一摔，跑了！但老闆也可以馬上把編劇找來，改劇本或是以前拍的全不要了，因為後面還有一堆人擠破頭要進來，不差你一個！

處方1：讓老闆不擔心養虎為患

其實，天底下沒有融化不了的冰山，也沒有絕對不能和睦相處的老闆（上司）。只要謹記享譽全球的事業發展專家蘿貝塔・勤斯基・瑪圖森（Roberta Chinsky Matuson）提醒上班族的處世原則，就可以讓你更成功：「唯有尊重，才能用最好的方式處理階級與關係變化，通過辦公室政治的考驗與人性的試煉，進而懂得部屬想什麼、老闆要什麼。」

在你每天投入超過八個小時的工作中，讓你感到滿足或挫折的根源，大部分都和你的老闆（頂頭上司）有關。表面上，老闆高高在上，有的更藉著職權耀武揚威、不可一世。事實上，他們內心充滿著患得患失的焦慮，時時刻刻擔心自己的飯碗被別人搶走。

你可能沒有想過，老闆隨時都在提防虎視眈眈的競爭對手，其中可能也包含「你」在內！領導學大師科特（John Kotter）和賈巴洛（John Gabarro）認為，既然老闆和部屬之間的衝突每天都在上演，與其消極回應上司各種要

要贏得老闆的信賴，你必須從心裡認同自己是公司不可或缺的靈魂人物。

求，最後導致你積怨難消而離職，不如花點心思「管理」你的老闆，試著了解老闆所面臨的處境與壓力。如此一來，不僅可以和老闆維繫關係，還可以在陞遷途上少走許多不必要的彎路。

處方2：讓老闆相信你是他的千里馬

曾任職多家日本著名企業，並且對培養部屬有獨到見解的本間正人則表示，在老闆身上貼上「豬頭」、「白痴」等標籤非常容易，但是對於工作的發展、狀況的改善，卻是一點幫助也沒有。

他教導大家運用「自我提升」的技巧，把老闆當成是自己的麻吉，讓他感覺到他就是伯樂，久而久之，豈有伯樂不識你這匹千里馬的道理？甚至連彼得．杜拉克（Peter．Drucker）在他的私房管理技巧中都提到：「你無須喜歡或欽佩你的老闆，你也不需要痛恨他。但是，你必須要管理他，好讓他變成你達成目標、追求成就及獲致個人成功的資源。」

當你相信，有效地管理老闆並不是一件困難的事，甚至能夠迅速被提拔到重要職位與避免被老闆炒魷魚，那就表示在你的職業生涯中，絕對可以當上公司的首席執行主管或是總經理。

處方3：謹記會讓老闆炸毛的地雷

正如同爬山一樣，當你想要登上公司的峰巔，或成為其中的菁英，就一定會歷經艱險，必須排除萬難才行。

攀登險峰，第一步必須學會借助繩索以克服障礙、穩步前進，並取得領先地位。而要開創你事業的重要基點，一個聰明的辦法，就是了解那些有經驗的攀登者的親身經驗。如果你已經萬事俱備，現在你需要做的，只是向這些已經登上「山巔」的人們，學習並掌握他們的經驗。即使你並不想成為公司總裁，但你仍有機會當上財務長、業務經理、電腦管理資訊系統負責人、主編，或是你所在企業的領導。

如果你現在的目標並不是登上巔峰，而是避免摔下來、被老闆解雇的話，你就要摸透他的心事。你必須弄清楚他在近期和遠期的工作重點各是什麼？你還要知道他的長處和短處是什麼？

例如，你知道老闆喜歡在各項任務上附加完成日期。因此在安排工作日程時，就要說明具體時間，告訴他什麼工作已經完成，是什麼時候完成的。下一步的工作是什麼內容，安排什麼時候進行，諸如此類。

處方4：永遠記得尊重自己的老闆

要贏得老闆的信賴，你必須從心裡認同自己是公司不可或缺的靈魂人物。試想：當老闆和你談話時，你就兩腿發軟、舌頭打結，他會相信你有辦法說服客戶下訂單嗎？當然，自信絕不等於自傲。如果你目空一切，無論如何有才幹，老闆也只能忍痛割愛，因為他需要的是一個具有合作精神的團隊，而不是個人主義的英雄。

老闆對於來自部屬的尊重，有很強的渴求心理。因為部屬的尊重，是提高老闆威望、增強老闆控制力和駕馭力、保證工作順利開展的精神力量。因此，不要在人前與老闆爭論，這樣會讓老闆難堪，導致和老闆關係緊張。但也千萬記住，不要在背後與他人議論你的老闆，因為你永遠不可能保證隔牆無耳！

再者，如果你的老闆要求你往東，而你偏偏往西，不引發衝突才怪。但是「服從」不等於「盲從」，當你不認同主管的觀點時，應該怎麼辦呢？最好等到適當的時機和場合，以委婉而且能夠讓人接受的語氣去說服老闆。在老闆還沒有採納自己的意見以前，仍要按照原指示執行，但在執行過程中應積極採取措施，把可能造成的損失降到最低程度。

不可踰越的4個原則

以下四點是跟主管相處最該把握的原則：

一、決斷但不擅權。由於老闆平時業務繁忙，應該習慣主動向對方階段性彙報自己的工作，請示老闆的意見。另外，權重不可越位，尤其不可以在重大問題或自己職權外，自作主張。

二、親近卻不親密。你可以把老闆當成是麻吉的工作夥伴；但如果你因為和老闆親近而得意忘形，失去了對其應有的尊重，則必然埋下隱憂。你要牢牢記住：老闆永遠是老闆，部屬永遠是部屬。私底下，老闆可以和你勾肩搭背，無所不談，無所不聊；但在任何公眾場合，就要尊重老闆，絕對不可有無禮的語言和行為。

三、勇於表現自己，但不鋒芒畢露。在事業的田徑場上，只要時機成熟，就應適時地發揮自己的職業素養和能力。但是不可以一意孤行，聽不進任何人的勸阻或建議，與整個團隊背道而馳。

四、不揮霍老闆的資源，每個請求都在刀口上。例如，老闆要你提「母親節行銷方案」，那麼與其花錢做廣告，不如多花點時間規劃媒體公關。有故事性的公關稿一經媒體採用，傳播效果可能比單純在電視上打廣告還要更好。

以上所探討的攀登險峰應注意的事項，有一個基本的前提，那就是與你的老闆站在相同視角，發揮專長成為頭號幫手。只有這樣，老闆才會給你更能體現你價值的薪水，給你更多挑戰的機會。

老闆對於來自部屬的尊重，有很強的渴求心理。

圖解！4個處方，成為老闆身邊的紅人

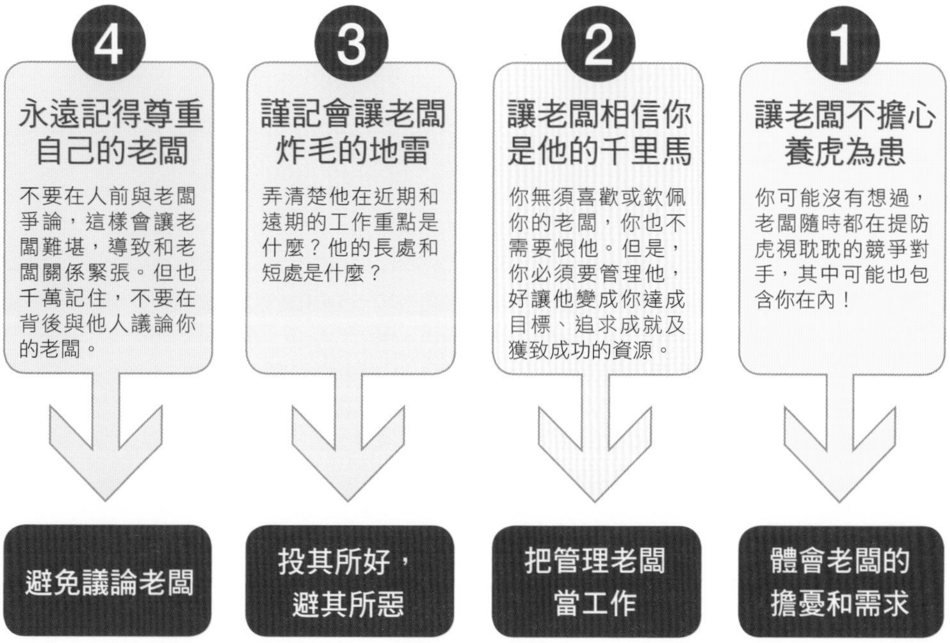
1
讓老闆不擔心養虎為患
你可能沒有想過，老闆隨時都在提防虎視眈眈的競爭對手，其中可能也包含你在內！
體會老闆的擔憂和需求
2
讓老闆相信你是他的千里馬
你無須喜歡或欽佩你的老闆，你也不需要恨他。但是，你必須要管理他，好讓他變成你達成目標、追求成就及獲致成功的資源。
把管理老闆當工作
3
謹記會讓老闆炸毛的地雷
弄清楚他在近期和遠期的工作重點是什麼？他的長處和短處是什麼？
投其所好，避其所惡
4
永遠記得尊重自己的老闆
不要在人前與老闆爭論，這樣會讓老闆難堪，導致和老闆關係緊張。但也千萬記住，不要在背後與他人議論你的老闆。
避免議論老闆

撰文／邱和珍

領藥號：V-0148 藥袋數：7

姓名：總管 ／ 女 ／ 45 歲 病歷號：55555888

診斷醫生：
小倉廣

藥名：
懂得放手，磨練往下授權的技術

臨床用途：
變成收拾屬下爛攤的部門總助理！

輔助處方：《交辦的技術》

把工作交出去的關鍵技巧

幫 3 萬名主管脱胎換骨的作者認為，部屬的經驗與素養一定不如主管，所以，主管交辦工作給部屬本來就會有風險，主管該思考的是，如何把風險降到最低、損害期間控制到最短。

作者：小倉廣著，林佑純譯
出版社：大樂文化

很多主管都有這種經驗：把工作交給屬下以後，因為執行效果不佳而產生「不如接回來自己做還比較快」的感嘆。結果主管變成收拾部屬爛攤子的總助理，自己沒有時間思考成長，部屬也沒有空間歷練成長，人力資源空耗，導致部門績效負循環，更加無法因應多變的商場局勢。

日本組織人事諮詢顧問公司 Faithholdings 及 Faith 總研董事長小倉廣表示，「把工作交出去的關鍵技巧，不是等到你認為他有能力才交給他，而是就算他可能做不到，也要硬塞給他。」

改變部屬上班等領薪水的心態

小倉廣強調，勉強部屬提升能力，就是在栽培他；但勉強部屬的意願，結果一定會失敗。主管在指派部屬負責某項工作以前，務必要確認用哪一種交辦流程，對方一定會做出成果？用怎樣的溝通頻率，他絕不會拖延進度？要他照著填寫哪些表單，可以保證過程絕不出包？

本來部屬的經驗與素養就不如主管，但別忘了「士兵也有權要求有能力的指揮官來指揮。」因此，當主管交辦工作給部屬時，就應該思考，如何把風險降到最低、損害期間控制到最短。

許多有遠見的管理者都希望部屬成為獨當一面的合作夥伴，而非事事請示、依賴指示的被動執行者，威廉安肯企管顧問公司總裁比爾安肯三世（William Oncken，III）指出，一個卓越的管理者應該將工作重心，放在與工作核心人物建立專業的合作關係，以及致力於規劃、組織、領導，讓組織能夠在時間與預算的掌控之下，運轉不息。

如果你想把工作交辦給部屬，提振部屬的工作士氣，改變他們每天只等著上班領薪水的心態，那麼有幾件對部屬的管理技巧，你不能不知道。

技巧1　管理的真諦在於簡化

使事情保持簡單，可以促進公司發展，達到事半功倍的效果。一名優秀的管理者應該仔細找出最複雜而又最無效率、最浪費時間的工作環節，並與部屬協力剷除它們，或是做一些精簡，從而提高效率。

例如，太複雜的獎勵制度會讓業務人員覺得主管是故意畫大餅，看得到卻吃不到；主管和部屬討論工作進度時，應該鼓勵他們簡單陳述，但不要具體到每分鐘的行程。總之，鼓勵部屬用最簡單的語言，描述那些最重要、最有意思的場景，捨棄那些複雜化的、難懂的行業術語。

技巧2　激發部屬的智慧

卓越的管理者懂得如何向部屬授權，充分調動他們去完成工作任務，而不是自己包攬一切整天忙個不停，讓部屬只是充當一個旁觀者的角色。所以在工作中應該先心平氣和地想一想，為了達到目標，你到底需要做些什麼？而部屬又應該做什麼？

其次，最重要的一點就是減少管理程序、簡化管理。如果你管得太多，應該搞清楚原因何在？是部屬能力太差？還是你是個獨裁主義者？才讓部屬請購一支10元的原子筆都必須送到你這裡來簽。其實，不必老是擔心部屬因為能力不夠而會把事情搞砸，可以採取從旁指導和階段性考核的方法，降低風險。

把工作交出去的關鍵技巧，不是等到你認為他有能力才交給他，而是就算他可能做不到，也要硬塞給他。

技巧3　引導而非執行

俗話說：「術業有專攻。」大多數成功的主管注重的是戰略方針，並不是具體的每件事情。因此你只要讓部屬清楚要達成的目標並制定策略，同時徵求部屬的想法和意見後，就放手讓部屬去貫徹自己的戰略方針，去實際操作和運行，不需大小事情都事必躬親，即使是你最擅長的工作也是如此。

技巧4　讓部屬樂於工作

一個組織真正的效益不是逼出來的，而是由全體人員自動工作出來的。一個卓越的領導者會時時替部屬著想，以自己的人格魅力去感染每一個部屬，而不管部屬的職務為何。主管的魅力來自於對待部屬親切友善且富有同情心，這樣，部屬才會為自己挺身而出，即使上刀山、下火鍋也在所不惜，讓部屬對自己有一份感恩的心。

薪水和獎金是激勵部屬最簡單卻最有效的方法。它是一把殺人於無形的刀，既能使懶散的部屬變得活力煥發，又能使積極工作的優秀部屬一夜之間消聲匿跡，公司的效益一落千丈。主管要善用薪金來獎勵有能力迎向更高挑戰的部屬，這樣他們才會有激情、才會愉快地工作。

技巧5　把棋子放在對的位置上

有許多部屬對自己的工作並不是很滿意，之所以會造成這種現象，有時候並不是部屬的錯誤，而是管理者的失誤。只要主管把適當的人安排在合適的職位，他們就會得到心理上的滿足，而這種滿足是他們在其他並不適合的職位上所得不到的。

一個卓越的管理者應該將工作重心，放在與工作核心人物建立專業的合作關係，以及致力於規劃、組織、領導，讓組織能夠在時間與預算的掌控之下，運轉不息。

技巧 6　溝通是心靈相印的特效藥

只有在平等的基礎上管理、在平等的基礎上進行溝通，才能激勵部屬貢獻出聰明才智。因此，當主管放下管理人的身段，穿上工作服，和工人一起上班、一起用餐，並不時在工作場合鼓勵或獎勵部屬，這些都會讓部屬感到很窩心。

技巧 7　因材施教

主管要根據部屬的特點與情況，採用不同措施和做法，才能使得公司充滿活力、人盡其才。例如，如果想要降低現有產品的成本或改良製造方法，就要讓經驗豐富的資深工程師去完成。如果想要開發具有新功能、價格高的新產品，那就放手讓新進工程師去做。對於那些興趣廣泛、有很強事業心的部屬，主管可以調他去不同的單位磨練，培養其勝任大單位領導職務的基本素質。

許多管理部屬的技巧都是在提醒主管，適時放手才能讓部屬成長，提升公司績效。另外，主管們也不要忘了在團隊中創造輕鬆、傳播熱情。因為熱情是工作精神最重要的元素，只要熱情被激發出來，即使是不太想做的事，也都能辦得到。例如，在每個月的動員月會中，安排一個部門負責演出趣味短劇，而這表演必須和你們公司所追求的目標有所關聯，讓所有的人看完短劇後，都能受到潛移默化，進而更賣力工作，更認同自己的工作。

圖解！ 7 個技巧，成為最有績效的主管

1. **管理的真諦在於簡化**：太複雜的獎勵制度會讓業務人員反感；主管和部屬討論工作進度時，應該鼓勵他們簡單陳述。→ **是分工，而非複雜化**
2. **激發部屬的智慧**：不必老是擔心部屬能力不夠把事情搞砸，可以採取從旁指導和階段性考核的方法，降低風險。→ **是你讓部屬變笨蛋**
3. **引導而非執行**：掌握戰略方針，而不是具體關切每一件事情。→ **各安其位，共同努力**
4. **讓部屬樂於工作**：以自己的人格魅力去感染每一個部屬，而不管部屬的職務為何。→ **為你上刀山在所不惜**
5. **把棋子放在對的位置上**：只要把適當的人安排在合適的職位，他們就會得到心理上的滿足，而這種滿足是他們在其他並不適合的職位上所得不到的。→ **他們會獲得心理滿足**
6. **溝通是心靈相印的特效藥**：只有在平等的基礎上管理、在平等的基礎上進行溝通，才能激勵部屬貢獻出最大的聰明才智。→ **以身作則一向有效**
7. **因材施教**：主管要根據部屬的特點與情況，採用不同措施和做法，才能使得公司充滿活力、人盡其才。→ **不同人才組成最佳戰力**